Gakken

きめる！ KIMERU SERIES BC

［ きめる！共通テスト ］

化学基礎 改訂版
Basic Chemistry

著＝岡島卓也（河合塾・ベリタスアカデミー）

introduction

はじめに

「理科は苦手なんですが，共通テストでは化学基礎を受験しなくてはいけないので，あまり時間をかけずに高得点をとる方法を教えてもらえませんか？」

最近，こんな質問をされることが多くなった。中には，「教科書を読んでも全然理解できないので，ここ数か月は教科書を開いてすらいません」なんて，化学アレルギーの受験生もいる。

この『きめる！　共通テスト』は，そんな化学嫌いの受験生のみなさんにも，高得点をとって化学の楽しさをわかってもらいたい，そして，化学をちょっとでも好きになってもらいたいという思いから書いたものである。

本書は，共通テストで「化学基礎」を受験する際に，最低限必要となる知識に的を絞ってある。効率よく学習できるよう，図解による説明や，簡単にイメージできるたとえなどを多用して，わかりやすく解説し，多くの受験生のみなさんが苦手とする部分については，特にていねいに，かみ砕いて説明するように工夫してある。

そして，僕がこれまでの予備校講師経験の中で培ってきた「簡単に理解できて，すばやく問題が解けるようになるコツ」をたくさんちりばめてある。教科書を読んでいただけでは，難しく感じ，問題を解くときに時間がかかってしまっていた部分も，コツさえつかめば「なぁ〜んだ，そういうことか」と，すらすら解けるようになるはずだ。

本書を十分に学習することによって，共通テスト「化学基礎」での高得点getは間違いないと確信している。

岡島 卓也

how to use this book

本書の特長と使い方

① 基礎内容をしっかり理解し，共通テストに向けて
効率的に学習できる

本書は，共通テストで「化学基礎」を受験する際に，必ず必要となる部分に重点をおき，時間をかけず，効率的に学力がつけられるよう，内容を厳選しています。重要な用語などは赤字や太字で強調し，基礎をしっかり身につけられるようになっています。
🔑 SECTION で学ぶこと が各セクションのはじめにあり，共通テストに向けた各単元の要点をまとめています。

② 共通テストのために押さえておくポイントが一目でわかる

特に押さえておくべき重要な内容は， POINT として簡潔にまとめてあります。本文を読んで理解できたら， POINT で要点を整理しておきましょう。

③ 例題，練習問題を解き，章末の共通テスト対策で
理解度を確認する

本書では例題や過去問題を多数掲載しています。SECTION7には共通テスト大問２の対策問題が入っています。また，計算問題など，繰り返し演習することによって力がつけられるものに関しては，本文中に例題を入れながら，わかりやすい解説を加えています。本文をしっかり読み，問題を解いていくことによって，理解を深め，着実にステップアップすることができます。

④ 取り外し可能な別冊で，直前対策できる

別冊には，共通テストの概要や各SECTIONのポイントをはじめ，直前に読むだけで５点アップも夢ではない，厳選した重要事項を収録しています。

contents

もくじ

SECTION	1	物質の構成粒子

SECTION	2	化学結合

SECTION	3	物質量と化学反応式

共通テスト
特徴と対策はこれだ！

おさえておきたい共通テストのあれこれ

まずは，共通テストがどんな試験なのかを確認していこう。

マークシート形式の試験なのは知っています！

その通りだよ！　複数の選択肢から選んだり，答えの数値をマークしたりと，普段とは全然違うテストだよ。

マークミスをしそうで怖いです。

マークミスは本当にもったいないから，模擬試験などで慣れておこうね。

はーい。

さて，化学基礎の話もしていくね。
化学基礎は何点分か知っているかな？

え，100点じゃないんですか？

残念，**化学基礎は50点分の試験**だよ。
理科①という科目で100点なんだ。

理科①？

物理基礎／化学基礎／生物基礎／地学基礎の４つのうちから２科目を選ぶんだ。

どうやって選ぶんですか？

マークシートに，選択科目をマークする欄があるから，**解く科目のマークを忘れない＆間違えないように気をつけて**ね。

試験時間はどうなるんですか？

2科目で60分だ。**どのように時間配分するかは自由**だから，たとえば化学基礎を20分で解ければ40分をもう1科目にあてられるよ。途中で化学基礎に戻ることもできる。

時間配分が大切ですね。
この本を読んで，化学基礎は25分くらいで解き切りたいです！

その意気だ！
他にも，日程を押さえておいてほしい。

理科①は何日目にやるんですか？

2023年度試験では，理科①は**2日目の朝イチ**で試験が実施されたよ。

2日目の命運がかかっているかもしれないんですね…。

まとめるとこうなっているよ。

共通テスト理科①	
問題選択	物理基礎／化学基礎／生物基礎／地学基礎から2科目選択
日程	2日目
時間	2科目合わせて60分 時間配分は自由
配点	各50点の計100点満点

問題の形式も確認しておこう！
化学基礎は第1問と第2問の2つの大問で構成されているよ。

問題は違うんですか？

全くと言っていいほど異なるよ。
第1問は1問1答形式で，様々な知識が問われる問題だ。
前提となる結論・結果を利用して解く問題だよ。

定期テストとかでも出てくるような問題ですね。

第2問は1つの問題に小問がいくつかあって，会話や資料でとても長い問題文だったり，単元をまたがる問題が出たりして，難しい問題が多いよ。

長い文章を読むのは苦手です…。
第2問の配点は高いですか…？

第1問は30点で，第2問は20点だよ。
だから，**まずは本書や教科書の内容をしっかり押さえて，第1問を確実に得点して6割を目指してほしい。**

この本で各単元しっかりマスターします！

次に，本書には第2問対策もしっかり掲載しているから，会話や資料の読み取り方や問題の解き方を学んで点数を重ねられるようにしよう！

慣れない形式になるので，まずはたくさん解いてみて，形式に慣れようと思います！

特に第2問は傾向があるから，次のページで詳しく説明するね。

	どんな問題か	配点
第1問	単問が8〜10問。 前提となる結論・結果を利用して問題を解く。	30点
第2問	会話や資料を読み取って答える複合問題。 提示された情報から未知の結論を導き出して問題を解く。 リード文に提示された情報から結論（一般論）を導く。	20点

POINT
各単元しっかり押さえて第1問を解けるようにした後に，第2問の問題対策をする。

共通テストの傾向と対策

共通テストの化学基礎には大きく3つの傾向があるよ。どんな傾向があって，どう対策したらいいのか，それぞれ確認しよう。

☑ 教科書を超えた内容が出題される

先生，共通テストって昔のセンター試験よりも難しいっていう噂なんですけど…

そうだね，これまでのセンター試験の目標平均点が60点だったのに対し，共通テストでは50点を平均点の目安にするそうなので，難しいっていうのは，あながち間違っていないかもね。

えっ！？　終わった…

いやいや，まだまだこれからだよ！　それなりの対策をすれば十分戦えるんだ！

それなりのって，どう対策すればいいんですか？

共通テストの過去問を見れば，共通テストの傾向とそこで求められる力が見えてくるんだ。

どんな問題だったんですか？？

まず，特徴として教科書の内容をベースとしているけれど，「知識だけでは解けない問題が出題される」ということかな。

どういうことですか？

過去に行われてきたセンター試験は，短文からなる小問が集合した形式の問題が多かったんだけど，共通テストでは，長文で，一部の問題の内容に，教科書で発展として扱われている内容も出題されるんだ。

どうしてそんな問題が出題されるんですか？？

「情報を整理して考える力」を試すためだよ。参考に，次の問題を見てみよう。「ポーリングの電気陰性度を用いた酸化数の決定」をテーマにした問題だよ。

第2問 次の文章を読み，問いに答えよ。(配点　15)

　電気陰性度は，原子が共有電子対を引きつける相対的な強さを数値で表したものである。アメリカの化学者ポーリングの定義によると，表1の値となる。

表1　ポーリングの電気陰性度

原子	H	C	O
電気陰性度	2.2	2.6	3.4

　共有結合している原子の酸化数は，電気陰性度の大きい方の原子が共有電子対を完全に引きつけたと仮定して定められている。たとえば水分子では，図1のように酸素原子が矢印の方向に共有電子対を引きつけるので，酸素原子の酸化数は-2，水素原子の酸化数は$+1$となる。

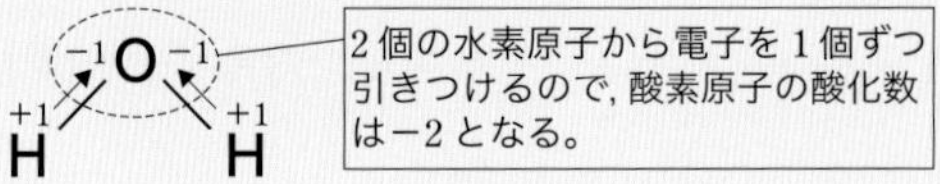

}通常の酸化数の算出方法ではないルール（定義）が示されている。

2個の水素原子から電子を1個ずつ引きつけるので，酸素原子の酸化数は-2となる。

図　1

(2018年度試行調査　第2問より抜粋)

(→解説は308ページへ)

👧 えっ，これ何ですか？　聞いたことないんですけど…

🧑‍🦱 そうだね。過去に，一部の難関大学では出題されていたんだけど，化学基礎で受験する受験生のほとんどはそういう感想になるよね。

👧 やっぱり激ムズじゃないですか！

🧑‍🦱 いやいや，落ち着いて。今までに問われたことがない形式であったとしても，問題文を読み，**必要な情報を抜き出して，内容を把握する力**が問われているのであって，この問題は予備知識がなくても解答することが可能なんだ。

👧 えっ，そうなんですか？

🧑‍🦱 うん。見慣れない問題に見えるけど，問題文中に解答へのヒントが示されているので，それを正確に抜き出せば解けるんだよ。

そのヒントってどうやって抜き出せばいいんですか？

この手の問題は**具体例を拾う**ことがコツなんだ。

「具体例を拾う」って，例えばどういうことですか？

この問題であれば，「共有結合している原子の酸化数は～定められている」の部分。そして，その後ろに続く具体例に，解答に直結する非常に重要なヒントが隠されているよ。

どこですか？

「たとえば水分子では，図１のように…」の部分だよ。この情報から「電気陰性度が大きい原子は**引きつけた電子の数だけ酸化数が減少**し，反対に電気陰性度が小さい原子は**奪われた電子の数だけ酸化数が増加**する」というルールが見えてくるね。

問題文自体に解答に必要な情報が書かれているんですね！

この問題では，ルールを正確に把握して，それを適用することですべての設問に解答できる設定になっているんだ。

難しそうに**見えるだけ**ってことですね。

そう！　こういう問題を「難しい問題」と考える人が多いけど，**問題文から必要な情報を抜き出すコツ**をつかめば本番の試験での完答も十分に可能なんだ！

POINT

新傾向	教科書の知識をベースにした幅広い問題が出題される。
対策	問題文から必要な情報を抜き出すこと。
	具体例をよく理解するべし。

☑ 実験を想定した問題が出題される

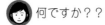 実は，共通テストから，もう１つの新しい傾向が見えてくるんだ。

何ですか？？

共通テストでは，**授業中の実験を想定した問題**が出題されているんだ。その例が次の問題だ。授業で実験を行っている様子を問題にしていて，実験結果から解答を導き出すことが求められているよ。

第3問 学校の授業で，ある高校生が，トイレ用洗浄剤に含まれる塩化水素の濃度を中和滴定を使って求めた。次に示したものは，その実験報告書の一部である。この報告書を読み，問１～問３に答えよ。

「まぜるな危険　酸性タイプ」の洗浄剤に含まれる塩化水素濃度の測定

【目的】

　トイレ用洗浄剤のラベルに「まぜるな危険　酸性タイプ」と表示があった。このトイレ用洗浄剤は塩化水素を約10%含むことがわかっている。この洗浄剤（以下「試料」という）を水酸化ナトリウム水溶液で中和滴定し，塩化水素の濃度を正確に求める。

【試料の希釈】

　滴定に際して，試料の希釈が必要かを検討した。塩化水素の分子量は 36.5 なので，試料の密度を $1\,g/cm^3$ と仮定すると，試料中の塩化水素のモル濃度は約 $3\,mol/L$ である。この濃度では，約 $0.1\,mol/L$ の水酸化ナトリウム水溶液を用いて中和滴定を行うには濃すぎるので，試料を希釈することとした。試料の希釈溶液 $10\,mL$ に，約 $0.1\,mol/L$ の水酸化ナトリウム水溶液を $15\,mL$ 程度加えたときに中和点となるようにするには，試料を　ア　倍に希釈するとよい。

【実験操作】

1．試料 $10.0\,mL$ を，ホールピペットを用いてはかり取り，その質量を求めた。

2．試料を，メスフラスコを用いて正確に　ア　倍に希釈した。

3．この希釈溶液 $10.0\,mL$ を，ホールピペットを用いて正確にはかり取り，コニカルビーカーに入れ，フェノールフタレイン溶液を2，3滴加えた。

高校生の実験報告書が題材に。

中和滴定の実験の操作方法やその手順。

4．ビュレットから 0.103 mol/L の水酸化ナトリウム水溶液を少しず
つ滴下し，赤色が消えなくなった点を中和点とし，加えた水酸化
ナトリウム水溶液の体積を求めた。
5．3と4の操作を，さらにあと2回繰り返した。

（2018年度試行調査　第3問より抜粋）

（→解説は302ページへ）

問題文が長すぎません!?　それに，学校で実験した記憶ないんですけど…

そうだね。「学校でほとんど実験なんてなかった」「真面目にやってなかった」と，不安になる人もいるかもね。でも，安心していいよ！

どうすればいいんですか？？

詳細な手順などが長々と書かれていて難しく感じるかもしれないけど，よく読むと**塩酸と水酸化ナトリウムの中和滴定**という単純な設定となっていることがわかるね。

確かに！

あとは**中和の量的関係を考えるための滴下量や水溶液の濃度**といった解答に必要な数値を抜き出し，基礎的な量計算に持ち込めば簡単に解けるんだ。

POINT

新傾向　高校の実験授業を想定した問題が出題される。
対策　　解答に必要な数値を抜き出して立式。

資料読解問題が出題される

 そして，共通テストの最後の特徴です。

何ですか？

ズバリ，**資料読解**です。共通テストでは**いろいろな情報を含む資料が提示され，その情報をもとに解答していく問題**が出題されています。たとえば，次の資料を見てほしい。

飲料水 **X**

名称：ボトルドウォーター
原材料名：水（鉱水）

栄養成分（100 mL あたり）
エネルギー　　　　　　　　0 kcal
たんぱく質・脂質・炭水化物　　0 g
ナトリウム　　　　　　　　0.8 mg
カルシウム　　　　　　　　1.3 mg
マグネシウム　　　　　　　0.64 mg
カリウム　　　　　　　　　0.16 mg

pH 値　8.8 〜 9.4　　　硬度　59 mg/L

飲料水 **Y**

名称：ナチュラルミネラルウォーター
原材料名：水（鉱水）

栄養成分（100 mL あたり）
エネルギー　　　　　　　　　　0 kcal
たんぱく質・脂質・炭水化物　　　0 g
ナトリウム　　　　　　　0.4 〜 1.0 mg
カルシウム　　　　　　　0.6 〜 1.5 mg
マグネシウム　　　　　　0.1 〜 0.3 mg
カリウム　　　　　　　　0.1 〜 0.5 mg

pH 値　約 7　　　硬度　約 30 mg/L

飲料水 **Z**

名称：ナチュラルミネラルウォーター
原材料名：水（鉱水）

栄養成分（100 mL あたり）
たんぱく質・脂質・炭水化物　　0 g
ナトリウム　　　　　　　　1.42 mg
カルシウム　　　　　　　　54.9 mg
マグネシウム　　　　　　　11.9 mg
カリウム　　　　　　　　　0.41 mg

pH 値　7.2　　　硬度　約 1849 mg/L

（→解説は288ページへ）

何これ！ミネラルウォーターの情報がいっぱい！

そうだね。ミネラルウォーターに関するいろいろな情報が与えられていて混乱しそうだけど，大丈夫だよ。

何が大丈夫なんですか！

与えられた資料から**問われている情報だけを抜き出せば**簡単に解答できるんだ。

どういうことですか？

はい。例えば，試料水Xの液性は何性ですか？　と問われたらどうかな。
　pH＝7で中性，7未満は酸性，7より大きいとアルカリ性だよね。

飲料水 **X**

| 名称：ボトルドウォーター |
| 原材料名：水（鉱水） |

栄養成分（100 mL あたり）
エネルギー　　　　　　　 0 kcal
たんぱく質・脂質・炭水化物　 0 g
ナトリウム　　　　　　 0.8 mg
カルシウム　　　　　　 1.3 mg
マグネシウム　　　　 0.64 mg
カリウム　　　　　　 0.16 mg

pH 値　8.8 ～ 9.4　　硬度　59 mg/L

そうか，XのpHは8.8～9.4なのでアルカリ性！　なるほど…資料をよく読めば，書いてありますね！

その通り！　問題文を読んで，わからない！と一瞬混乱するかもしれないけど，与えられた資料には必ずヒントが隠されているよ。
そして，設問として問われる内容は教科書に載っているんだ。

本当ですか？

問われることは単純なものがほとんど。さまざまな情報を含む資料の読解問題では，**まず設問を読んでみよう。そこで問われている情報だけを探して抜き出せばいい**んだ。

資料か…つい，流して読んでしまいます。

そう。読んだようで見落としがちだよね。でも，資料問題では，必要となる情報だけを的確に抽出する力が求められており，決して知識量を試しているわけではないんだ。

なるほど。これも情報の抜き出しってことですね。

そうなんだ。結局のところ，問題文は長いけど**必要な情報を的確に抜き出せば**共通テストは決して難しくないんだ。

ちょっと安心してきました！

新しい試験に不安を感じている人も多いよね。でも，**習得しなければならない知識や理解するポイントはそのほとんどがこれまでと変わらない**んだ。長めの問題文で複雑そうに見える資料読解であったとしても**必要な情報を抽出する力**だけ。

難しそうに見えるのはどうすればいいんですか？

本書や模擬試験などで演習を積めば誰でもできるようになるので，焦らずじっくり取り組んでいきましょう。**共通テスト恐るるに足らず！**

SECTION

物質の構成粒子

THEME

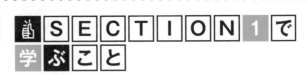
ここが問われる！ 水溶液は混合物！

　混合物は，1つの化学式で書けないもののこと。水溶液は**水と溶質の混合物**だが，通常は溶質の化学式で表すことになるよ。そのため，塩酸や希硫酸などは混合物に分類されるので注意しよう。また，たまに出てくる「**ナフサ**」は様々な炭化水素の**混合物**だ。

ここが問われる！ 元素と単体の区別は差がつく！

　多くの受験生が苦手としている「**元素**」と「**単体**」の違い。多少の読解力が必要なテーマだが，ニュアンスの違いを押さえて確実に正答しよう。簡単に言うと，元素は成分や周期表上の記号のことで，単体は実際に存在する物質だよ。

　同じ元素からなる**同素体**も，代表的なものを覚えておこうね。

斜方硫黄

単斜硫黄

ゴム状硫黄

周期律はグラフ選択問題も頻出！

　イオン化エネルギーや価電子の数など，語句の意味はもちろんのこと，原子番号との関係を表す**グラフを選択する**問題もよく出題されるよ。

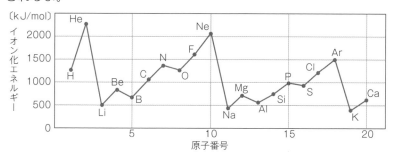

イオン化エネルギーの周期的変化

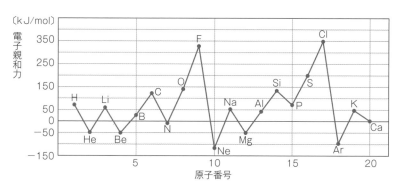

電子親和力の周期的変化

SECTION 1で学ぶ「物質の構成粒子」は共通テストではほとんどが知識を試す問題となっており，正答を出すことは難しくない！
しっかり押さえていこう。

THEME

1 純物質と混合物及びその分離

ここで
きめる！

🔖 純物質と混合物の違いを知ろう。
🔖 混合物の分離法の原理を知ろう。

1 純物質と混合物

すべての物質は「**純物質**」と「**混合物**」に分類できる。**純物質**とは"**1つの化学式で書けるもの**"で、**混合物**は"**1つの化学式で書けないもの**"と考えればいいよ。

例えば水、二酸化炭素、鉄の化学式は次のように書ける。

物質	化学式
水	H_2O
二酸化炭素	CO_2
鉄	Fe

だから、こういう物質が純物質といえるよ。

じゃあ、今度は混合物について考えてみよう。

(1)「空気」の化学式は？

(2)「海水」の化学式は？

(3)「コーヒー」の化学式は？

こんな問題が出たら困るよね。

だって、「空気」の中には、窒素 N_2 や酸素 O_2 などいろいろな種類の気体が含まれているし、「コーヒー」の化学式なんて、ないですよね？

「海水」も同じだよね。こういう物質が混合物なんだ。

以上のことをまとめると，次のようになる。

> **POINT** **純物質と混合物**
>
> 物質
> - 純物質……1つの化学式で書けるもの
>   例）水H_2O，二酸化炭素CO_2，鉄Fe，
>   　　アンモニアNH_3など
>
> - 混合物……1つの化学式で書けないもの
>   例）空気，水溶液，岩石など

　上の **POINT** で例に挙げた水溶液とは，「水」と「溶質」の混合物のことだ。物質を化学式で表すときは，表記を簡略化するために，**溶質の化学式を水溶液の化学式として使う**ことが多いよ。

　例えば，塩酸は塩化水素HClを水に溶かしたものなので，「HCl」と書くんだ。

> 塩化水素HClは無色で刺激臭がある気体だよ。

2 混合物の分離

> 突然だけど，天然の物質は混合物と純物質のどちらが多いと思う？

> うーん，混合物なのかな。

正解だよ。天然の物質は，ほとんどが混合物（例えば，海水はもちろん，淡水だっていろいろな物質が含まれている）で，人間は混合物から純物質（に近いもの）を取り出して，利用してきたんだ。

ここでは混合物から，より純度の高い物質を取り出す6種類の操作を説明していくので，原理をしっかり理解しよう。

1 ろ過

液体とそれに溶けない固体をろ紙を用いて分離する操作をろ過という。例えば，塩化ナトリウム水溶液と砂の混合物を，塩化ナトリウム水溶液と砂に分離するときに行うよ。操作上のポイントを覚えておこう。

固体と液体の混合物

ろ紙

①ガラス棒に伝わらせて注ぐ

ろうと

②ろうとの足を内壁につける

ろ液

ろ過は，粒子の大きさの違いを利用した分離方法だよ。砂の粒はろ紙を通過しないけど，水溶液中の塩化ナトリウムの粒子は細かいから，ろ紙を通過するよ。

2 蒸留

溶液を加熱して，発生した蒸気を冷却することで目的の液体を分離する操作を蒸留という。例えば，塩化ナトリウム水溶液を塩化ナトリウムと水に分離するときに行うよ。塩化ナトリウム水溶液を沸とうさせ，生じた水蒸気を冷却して純水を取り出すんだ。蒸留の原理と操作上のポイントを覚えておこう。

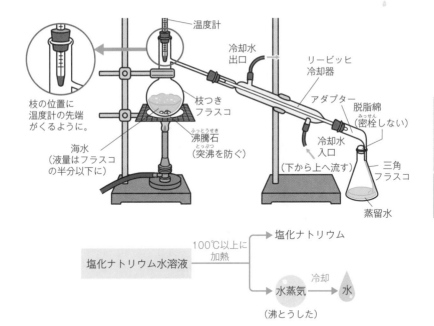

温度計

冷却水
出口

リービッヒ
冷却器

アダプター

脱脂綿
（密栓しない）

枝の位置に
温度計の先端
がくるように。

枝つき
フラスコ

海水
（液量はフラスコ
の半分以下に）

沸騰石
（突沸を防ぐ）

冷却水
入口

（下から上へ流す）

三角
フラスコ

蒸留水

塩化ナトリウム水溶液 ─100℃以上に 加熱→ 塩化ナトリウム

→ 水蒸気 ─冷却→ 水
（沸とうした）

塩化ナトリウムが蒸発しないことを
利用しているね。

③ 昇華法

固体から液体を経由せずに気体になる状態変化を**昇華**という。
この状態変化を利用すると，**昇華性をもつ物質（ヨウ素，ナフタ
レン，ドライアイスなど）を簡単に分離する**ことができる。これ
を**昇華法**という。例えば，塩化ナトリウムとヨウ素の混合物から，
昇華性物質であるヨウ素を分離するときに行うよ。

SECTION

1

物質の構成粒子

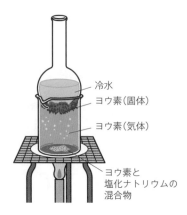

冷水
ヨウ素（固体）
ヨウ素（気体）

ヨウ素と
塩化ナトリウムの
混合物

ヨウ素は加熱によって固体から気体になり，冷水で冷やされて再び固体に戻るよ。

塩化ナトリウムは変化せず，ビーカーの底に残っていますね。

④ 再結晶

　少量の不純物を含む固体物質を，高温の水などの溶媒に溶かし，その後冷却すると，純粋な結晶が析出し，不純物は溶液中に残る。このように，**温度による溶解度の違いを利用して不純物を除き，純粋な結晶を得る操作**を再結晶という。溶解度とは，一定量の溶媒に溶かすことのできる溶質の最大量で，一般に固体の溶解度は，温度が高いほど大きくなる。

　例えば，少量の硫酸銅（II）を含む硝酸カリウムから，硝酸カリウムの結晶を得るとする。この物質を高温の水に溶かしたあとに冷却すると，溶解度をこえた分の硝酸カリウムが，溶けきれなくなって，結晶として析出するんだ。

このとき，硫酸銅（Ⅱ）は少量だから，冷却しても水に溶けたままなんだ。これで，純粋な硝酸カリウムの結晶が分離できたことになるね。

少量の硫酸銅（Ⅱ）（青色）を含む硝酸カリウム（白色）

高温の水で溶解する。

冷却すると，硝酸カリウムのみが析出。硫酸銅（Ⅱ）は，水溶液中に溶けたまま残る。

ろ過して水で洗うと，硝酸カリウムの純粋な結晶が得られる。

硝酸カリウムは温度によって溶解度が大きく変化するから再結晶でよく用いられる物質なんだよ！

⑤ 抽出

　溶媒への溶解性（溶けやすさ）の違いを利用して分離する操作を抽出という。

　ここでは，分液ろうとを用いてヨウ素ヨウ化カリウム水溶液（ヨウ素とヨウ化カリウムが含まれた水溶液）からヨウ素を抽出する操作を説明しよう。ヨウ素ヨウ化カリウム水溶液中のヨウ素は，水よりもヘキサン（溶媒）に溶けやすい。そのため，ヘキサン中にヨウ素が溶け込み，水と分離する。その後，ヨウ素とヘキサンの混合物をビーカーに移し，ヘキサンを蒸発させると，ヨウ素を分離することができる。

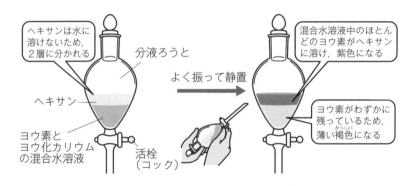

身近な例では，紅茶は乾燥させた茶葉から
香りや味・色の成分を熱湯中に抽出したものだよ。

6 クロマトグラフィー

　ろ紙などへの吸着力の差を利用して分離する操作を**クロマト
グラフィー**という。例えば，水性ペンのインクの成分を，ろ紙を
用いて分離してみよう。水性ペンをつけたろ紙の一方を水につける
と，水はろ紙を吸い上がっていく。このとき，水性インク中の各成
分も水とともに移動していくが，ろ紙への吸着力の違いによって，
ろ紙を移動する速さが異なるんだ。

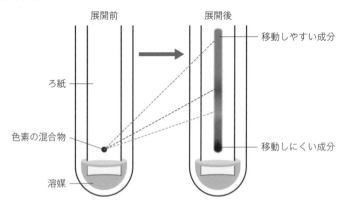

クロマトグラフィーのうち，ろ紙を使う方法を
ペーパークロマトグラフィーというよ。

> **POINT** 混合物の分離のまとめ
>
> ① **ろ過**……液体とそれに溶けない固体をろ紙を用いて分離する操作。
> ② **蒸留**……溶液を加熱し，発生した蒸気を冷却して目的の液体を分離する操作。
> ③ **昇華法**……固体から直接気体になる状態変化を利用して，昇華性をもつ物質を分離する操作。
> ④ **再結晶**……温度による溶解度の違いを利用して，固体物質の不純物を除き，純粋な結晶を得る操作。
> ⑤ **抽出**……溶媒への溶解性の違いを利用して分離する操作。
> ⑥ **クロマトグラフィー**……ろ紙などへの吸着力の差を利用して分離する操作。

これらの操作を組み合わせて混合物を分離することもあるんだ。例えば，再結晶で得られた結晶をさらにろ過して固体を得る分離があるよ。

例題 物質の分離・精製に関する記述として**誤りを含むもの**を，次の①〜⑤のうちから1つ選べ。

① ろ紙を用いて海水をろ過すると，純水が得られる。
② 食塩水を蒸留すると，純水が得られる。
③ ヨウ素と鉄粉の混合物を昇華法で分離すると，純粋なヨウ素の結晶が得られる。
④ 不純物を含んだ硝酸カリウムは，再結晶によって純粋な結晶が得られる。
⑤ お茶の葉に湯を注ぐと，湯に溶ける成分が抽出できる。

ろ過では，水溶液から溶質と溶媒を分離することはできないよ。

答 ①

THEME

2 | 化合物・単体・元素

ここで
きめる!

- 単体と化合物を区別できるようにしよう。
- 単体と元素の違いを知ろう。
- 同素体の種類とその性質を知ろう。
- 元素の検出法を知ろう。

1 化合物・単体

THEME 1で説明した純物質は，さらに細かく**単体**と**化合物**に分類できる。**1種類の元素のみからなる純物質**を**単体**，**2種類以上の元素からなる純物質**を**化合物**というよ。

化学式を覚えていれば，判別できるよ。

POINT 純物質の分類

純物質

単体……1種類の元素のみからなるもの
例）水素 H_2，酸素 O_2，鉄 Fe，銀 Ag，黒鉛 C など

化合物……2種類以上の元素からなるもの
例）水 H_2O，二酸化炭素 CO_2，アンモニア NH_3 など

2　単体・元素

1 元素と単体の違い

　この区別が苦手な受験生が多いんだけど，ズバリ，**元素は"成分"**，**"周期表上の記号"**で**単体は"実在の物質"**と覚えておくといいよ。

> 例えば，「成人男子は鉄を1日7 mg 摂る必要がある」という場合の「鉄」は，鉄を"成分"として含んだ食品を指しているよね。

> 確かに。鉄そのものは食べられません。

> だから「元素」を表していることになる。でも，「この車の車体は鉄でできている」という場合の「鉄」は"実在の物質"を指すよね。

> なるほど！　だから，この場合は「単体」を表しているんですね。

　このニュアンスの違いを理解しよう！
　では，問題で確認してみよう。

例題　下線部の名称が元素ではなく単体の意味で用いられているものを，次の①〜④のうちから一つ選べ。

① 牛乳には<u>カルシウム</u>が多く含まれている。
② 食塩にはナトリウムと<u>塩素</u>が含まれている。
③ 植物の生育には<u>窒素</u>が必要である。
④ 水を電気分解すると水素と<u>酸素</u>が生じる。

①は牛乳中の「成分」を意味しているので元素。

②は食塩（塩化ナトリウム NaCl）中に含まれる「成分」を意味しているので元素。

③は肥料中に含まれる「成分」を意味しているので元素。

④は「実際の物質」（気体の O_2）を意味しているので単体。

答 ④

② 同素体

同じ元素からなる単体で，構成原子の配列や結合が異なるために**性質が異なる物質を，互いに同素体**（どうそたい）という。同素体は，**硫黄 S**，**炭素 C**，**酸素 O**，**リン P** の 4 元素について知っておけばいいよ。ゴロ合わせで**スコップ（SCOP）**と覚えよう。

● 硫黄 S の同素体

硫黄の同素体は「**斜方硫黄**（しゃほういおう）」，「**単斜硫黄**（たんしゃいおう）」，「**ゴム状硫黄**」の 3 種類を覚えておこう。

硫黄の単体は常温では「**斜方硫黄**」と呼ばれる八面体の結晶なんだけど，これを 120℃くらいに加熱したあと，急冷すると，結晶構造の変化が起こり，「**単斜硫黄**」と呼ばれる針状の結晶になる。さらに 250℃くらいに加熱したあと，水で冷却すると，「**ゴム状硫黄**」と呼ばれるゴム状の固体に変化する。

斜方硫黄

単斜硫黄

ゴム状硫黄

● 炭素Cの同素体

炭素の同素体は「**黒鉛**」,「**ダイヤモンド**」,「**フラーレン**」,「**カーボンナノチューブ**」の4種類を覚えておこう。

「**黒鉛**」は鉛筆の芯などに用いられる固体で,電気を通す。

「**ダイヤモンド**」はみんなも知ってるよね。非常に硬い固体で,電気を通さない。

「**フラーレン**」は1985年に発見された,多数の炭素原子からなる球状の分子の総称で,電気を通さない。60個の炭素原子からなるC_{60}分子は,サッカーボール状の形をしているよ。

「**カーボンナノチューブ**」は炭素原子が直径数nm(ナノメートル)くらいの筒状に結合した分子の総称だよ。電気を通しやすく,熱もよく伝えるよ。

黒鉛

ダイヤモンド

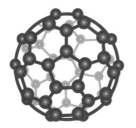

フラーレンC_{60}

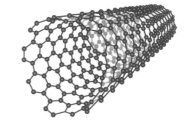

カーボンナノチューブ

フラーレンは他にもC_{70}などが知られているよ。

● 酸素 O の同素体

酸素の同素体は「**酸素 (O_2)**」と「**オゾン (O_3)**」の 2 種類を覚えておこう。

「**酸素 (O_2)**」はみんな知っているよね。無色・無臭でヒトの生存に不可欠な気体だ。

それに対し，「**オゾン (O_3)**」は淡青色（うすい青色）・特異臭（生臭い）の気体で，紫外線を吸収する性質をもつ。この性質により，オゾンは有害な紫外線が地上に降り注ぐことを防いでくれるバリアになっている。いわゆるオゾン層だね。ただ，ヒトが直接吸い込むと有毒なんだ。

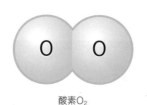

酸素O_2

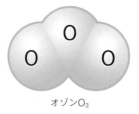

オゾンO_3

オゾンは，酸素に強い紫外線を当てると生成されるよ！

● リンPの同素体

リンの同素体は「黄リン」と「赤リン」の2種類を覚えておこう。

「黄リン」は猛毒で自然発火するやっかいな固体なので，水中に保存する。

これに対し，「赤リン」は安定な性質をもつ粉末で，マッチの擦り薬（マッチ箱の側面の赤茶色の部分）として使われているよ。

黄リン

赤リン

POINT 同素体のまとめ

同じ元素からなる単体で，構成原子の配列や結合が異なるために性質が異なる物質を，互いに同素体という。

元素記号（元素名）	名　称		
S（硫黄）	斜方硫黄	単斜硫黄	ゴム状硫黄
C（炭素）	黒鉛	ダイヤモンド	
	フラーレン	カーボンナノチューブ	
O（酸素）	酸素	オゾン	
P（リン）	黄リン	赤リン	

　→"スコップ"（SCOP）と覚える！

名称をしっかり覚えておこう！

❸ 元素の確認

単体や化合物に含まれる成分元素の種類を知るためには，それぞれの元素固有の性質を調べるとよい。以下の検出方法を知っておこう。

● 炎色反応による検出

みそ汁が鍋から吹きこぼれてガスコンロの炎に接触すると，炎の色は黄色になる。これは，みそ汁の中の塩分（塩化ナトリウム）に含まれるナトリウムが示す性質なんだ。このように，**炎の中に入れるとその元素特有の色が現れる**ことがある。この現象を**炎色反応**というよ。

炎色反応の色は元素によって異なり，その色から含まれている元素の種類を調べることができる。ちなみに，花火の色は炎色反応を利用している。

おもな元素の炎色反応は次の通りだ。ある元素を含む水溶液に白金線を浸し，ガスバーナーの外炎の中に入れると，炎の色を確認することができる。

元素	炎の色	元素	炎の色
Li(リチウム)	赤	Ca(カルシウム)	橙赤
Na(ナトリウム)	黄	Sr(ストロンチウム)	紅(深赤)
K(カリウム)	赤紫	Ba(バリウム)	黄緑
Cu(銅)	青緑		

リチウム Li	ナトリウム Na	カリウム K	銅 Cu	カルシウム Ca	ストロンチウム Sr	バリウム Ba
赤	黄	赤紫	青緑	橙赤	紅(深赤)	黄緑

おもな元素の炎色反応

炎色反応の覚え方

"リアカー な き K 村 ど う せ 借りようと するもくれない 馬 力"

Li(赤)　Na(黄)　K(赤紫)　Cu(青緑)　Ca(橙赤)　　　Sr(紅)　　Ba(黄緑)

これは有名なゴロ合わせだよ。
しっかり覚えよう！

● **沈殿反応による検出**

水道水に硝酸銀水溶液AgNO₃を加えると，水に溶けにくい白色固体（白色沈殿）が生じ，溶液が白く濁る。これは，水道水中に含まれる塩素Clと，硝酸銀が反応して塩化銀AgClが生じ，沈殿したためである。

この結果から，水道水中に**塩素が含まれている**ことがわかるよね。このように，特定の元素を含む物質どうしの反応によって，沈殿が生じることから，もとの物質に含まれている元素を特定することができるよ。

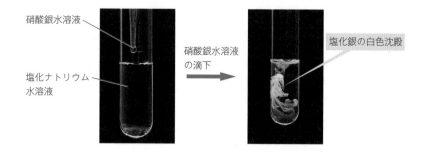

硝酸銀水溶液

塩化ナトリウム
水溶液

硝酸銀水溶液
の滴下

塩化銀の白色沈殿

● 気体発生反応による検出

　大理石の小片に希塩酸HClを注ぐと，気体が発生する。この気体を石灰水に通すと，溶液が白く濁る。溶液中で生じた気体は二酸化炭素CO_2だ。これは，中学校でも学習した反応だね。二酸化炭素は炭素Cと酸素Oからなる化合物で，希塩酸には含まれない元素でできている。

　この結果から，**大理石中に成分元素として炭素Cと酸素Oが含まれている**ことがわかるよね。このように，物質どうしの反応から生じた気体を調べることによって，もとの物質に含まれている元素を特定できるよ。

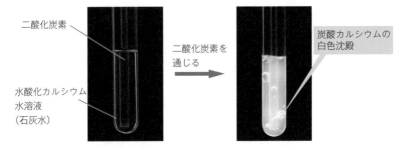

二酸化炭素

水酸化カルシウム
水溶液
（石灰水）

二酸化炭素を
通じる

炭酸カルシウムの
白色沈殿

POINT　　**元素の確認のまとめ**

炎色反応による検出
　炎の中に入れたとき，各元素特有の色が現れることを利用して，含まれている元素を調べる。

沈殿反応による検出
　物質どうしが反応して生じた沈殿から，もとの物質に含まれている元素を特定する。

気体発生反応による検出
　物質どうしの反応から生じた気体を調べることによって，もとの物質に含まれている元素を特定する。

では，元素の確認に関する問題を解いてみよう！

元素の検出に関する記述として**誤りを含むもの**を，次の①〜④のうちから1つ選べ。

① 塩化カリウム水溶液に白金線の先を浸して，白金線をガスバーナーの炎の中に入れると，赤紫色を呈する。

② ある水溶液に硝酸銀水溶液を加えると，白色沈殿が生じた。この結果より，ある水溶液中には成分元素として塩素が含まれていることがわかる。

③ 大理石に希塩酸を加えると，二酸化炭素が生じた。この結果より，大理石には成分元素として炭素と酸素が含まれていることがわかる。

④ みそ汁がガスコンロに吹きこぼれたとき，炎の色が黄色くなった。この結果より，みそ汁の中には成分元素としてカルシウムが含まれていることがわかる。

　カルシウムの炎色反応は橙赤色。黄色くなったという結果から，ナトリウムが含まれていることがわかるが，カルシウムが含まれているかは判断できないよ。

  ④

THEME

3 | 物質の三態と熱運動

ここで
きめる！

📘 物質の三態それぞれの特徴を知ろう。
📘 状態変化の様子と温度との関係を知ろう。

1 状態変化

状態変化は固体，液体，気体の３つですよね。

 そうだね。今回は物質の三態と状態変化を分子の
レベルで知ってもらうよ。

1 物質の三態

　物質は，温度や圧力によって状態変化する。固体，液体，気体の
３つの状態を**物質の三態**というよ。物質は，おもにこれらの３つの
状態のいずれかをとるんだ。水 H_2O を例にとって考えてみよう。

● 固体

　構成粒子の運動エネルギーが小さく，規則正しく並んでいる状態。
「氷」は，固体の状態だよ。

● 液体

　構成粒子の運動エネルギーが固体よりも大きく，互いの位置を入
れ換えたりできるようになった状態。「水」は，液体の状態だね。

● 気体

　構成粒子の運動エネルギーが非常に大きく，自由に飛び回れるよ
うになった状態。「水蒸気」は，気体の状態だ。

下の図のように，気体の窒素（無色）と臭素（赤褐色）を別々の
ビンに入れ，ガラス板を挟んで重ねたあと，静かにガラス板を引き
抜くと，窒素と臭素は混じり合い，やがて均一な混合気体となる。

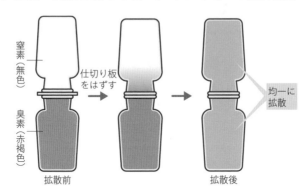

　このように，物質を構成する粒子が自然に散らばっていく現象を
拡散というよ。拡散は，物質を構成する粒子がつねに運動してい
るために起こる現象だ。この粒子の運動は，温度によって運動の激
しさが変わるので，**熱運動**といい，高温になるほど激しくなる。

② **状態変化**

　温度や圧力が変化したときに，固体，液体，気体の状態が相互に
変化することを，**状態変化**というんだ。
　"固体→液体"の変化は**融解**（ゆうかい），"液体→固体"の変化は**凝固**（ぎょうこ）という。
"液体→気体"の変化は**蒸発**，"気体→液体"の変化は**凝縮**（ぎょうしゅく）というよ。
また，液体を経由しない"固体→気体"の変化を**昇華**（しょうか）といい，その
逆を**凝華**（ぎょうか）という。ドライアイスは，常温に置くと，煙のようなも
のを出してどんどん小さくなり，いずれは消えてしまうね。これは，
まさに「昇華」だ。固体であるドライアイスから，直接気体である
二酸化炭素になっているよ。

> ・ドライアイスの煙の正体は，空気中の気体が冷えて水や氷の粒となったもので，
> 　二酸化炭素ではない。
> ・気体から固体になる変化も「昇華」という場合がある。

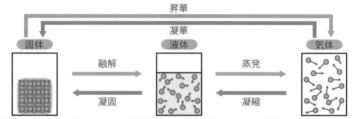

| 固体 | 昇華 → | 気体 |
| 液体 |
| 凝華 |
| 融解 → | 蒸発 → |
| ← 凝固 | ← 凝縮 |

熱運動が小さく，粒子は一定の位置で振動している。形は一定を保つ。粒子間の距離は小さく，引力がはたらく。

熱運動が大きく，粒子は互いに位置を変え，流動性をもつ。粒子間の距離は小さく，引力がはたらく。

熱運動が激しく，粒子は自由に空間を飛び回っている。粒子間の距離は大きく，引力はほとんどはたらかない。

 状態変化では，構成粒子そのものは変化しないよ。粒子の動き方と集まり方が変化するんだ。

❸ 状態変化と温度

　1気圧（1.013×10^5 Pa）のもとで氷を加熱すると，0℃に達したときに，氷は融解し水へと変化し始める。すべての氷が水に変わるまで，温度は一定だ。このときの温度を**融点**というよ。

　さらに水を加熱すると，温度は上昇し，100℃に達したときに，水は蒸発し水蒸気へと変化し始める。すべての水が蒸発するまで，温度は一定だ。このときの温度を**沸点**という。純物質を加熱したときの沸点・融点は，各物質ごとに決まっているよ。

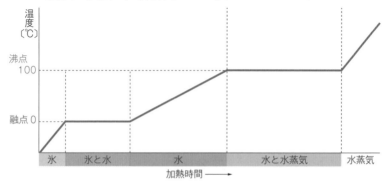

氷に熱を加えたときの状態と温度変化
（1気圧下で氷を一定の割合で加熱したときの状態変化）

氷（固体）から水（液体），水（液体）から水蒸気（気体）へと状態が変化しているとき，温度は変化しないことがわかるね。

では，問題で確認しよう。

下の図は，一定の圧力下で，ある固体を加熱したときの温度変化を表したものである。次の①〜⑤のうちから，正しいものを2つ選べ。

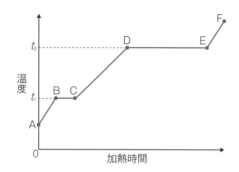

① A〜B間では，固体と液体が存在している。

② B〜C間では，液体のみが存在している。

③ E〜F間では，気体のみが存在している。

④ t_1 と t_2 の温度は，純物質ごとに異なる。

⑤ t_1 の温度を沸点，t_2 の温度を融点と呼ぶ。

① A〜B間では，固体のみが存在している。

② B〜C間では，固体と液体が存在している。

⑤ t_1 の温度を融点，t_2 の温度を沸点と呼ぶ。

 答 ③，④

THEME

4 原子

ここで **きめる!**

📖 原子の構造を知ろう。
📖 同位体の存在を知ろう。

1 原子の構造

原子とは，すべての物質を構成する最小単位である。

知ってます！ とても小さい粒子ですよね。

そう。直径が約10^{-10}mの小さい粒なんだ。
でも，原子って実はスカスカなんだ。

えっ!? スカスカなの??

そうだよ。今回は原子の構造を中心に説明するよ。

　原子の中心には**原子核**と呼ばれる空間があり，そこに**正の電荷（電気量）をもつ陽子**と，**電荷をもたない中性子**が含まれている。そして，その周りを，**負の電荷をもつ電子**が取り巻くような構造になっているよ。ヘリウム原子Heの構造を見ながら確認していこう。

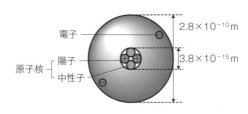

❶ 原子番号

原子の性質は原子核中の陽子の数でほぼ決まり，この数を**原子番号**という。原子番号の順に，原子を並べたものを**周期表**というよ（p.48）。

ヘリウムの陽子の数は2個なので，原子番号は2となる。

❷ 電子・中性子の数

すべての原子において，**陽子の数(正の電荷)＝電子の数(負の電荷)**となるんだ。だから，**原子全体では電気的に中性**となっているよ。ヘリウムを見てみると，電子の数と陽子の数は2個で同数だね。

ただし，**中性子の数は決まっていない**。前ページの図では，ヘリウムの中性子は2個になっているけど，中性子が1個のものも存在するよ。

❸ 質量数

粒子の質量については，**陽子と中性子の質量はほぼ同じ**なんだけど，**電子1個の質量は，陽子1個や中性子1個の約$\frac{1}{1840}$しかない**（「分母は**イヤよ〜**」と覚えよう）。そのため，原子1個の質量は，陽子と中性子の質量の和に等しいとみなし，**陽子の数と中性子の数の和**に比例すると考えてよい。この「陽子の数＋中性子の数」を**質量数**というよ。

④ 原子番号と質量数の表記

原子番号と質量数を表記する場合，**元素記号の左上に質量数を，左下に原子番号を書き添える**ことになっているので，覚えておこう。

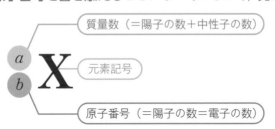

※中性子の数は $a-b$

> **POINT** 原子の構造のまとめ
>
> ① **原子番号＝陽子の数＝電子の数**であり，**原子全体では電気的に中性**となる。
> ② 同じ元素の原子であっても，**中性子の数は一定ではない**。
> ③ 陽子1個と中性子1個の質量は**ほぼ同じ**。しかし，電子1個の質量は陽子1個や中性子1個の質量の約$\dfrac{1}{1840}$。原子1個の質量は**陽子の数＋中性子の数**に比例する。この数を原子の質量数という。

4

原子

COLUMN 原子の大きさ

原子は非常に小さい粒子で，その直径は10^{-10}m（0.1nm）である。金の原子とテニスボールの大きさの比と，テニスボールと地球の大きさの比はほぼ等しく，金の原子を約2億倍するとテニスボールの大きさに，テニスボールを約2億倍すると地球の大きさに等しくなる。

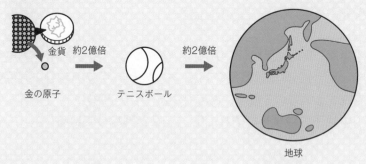

金の原子　　　　　テニスボール　　　　　　　　　　地球

原子核の直径は，10^{-15}～10^{-14}mくらい，原子の直径は，10^{-10}mくらいだよ。

比にすると1：100000ですね！
原子は非常に小さいですが，原子核はもっと小さいということがわかりました。

2 同位体

原子番号が同じでも質量数が互いに異なる原子が存在する（原子番号が同じで質量数が違うということは，**中性子の数が違う**ということ）。これらの原子を，互いに**同位体（アイソトープ）**という。同位体どうしは，質量は異なるが，**化学的性質はほぼ同じ**になるんだ。p.30で学習した同素体と混同しやすいので，しっかり区別しておこう。

水素原子には質量数が1の^{1}H（軽水素という），質量数が2の^{2}H（重水素という），質量数が3の^{3}H（三重水素という）の3種類の同位体が存在する。この3種類とも陽子の数（＝原子番号）は1で等しいが，**中性子の数がそれぞれ，0，1，2と異なっている。**

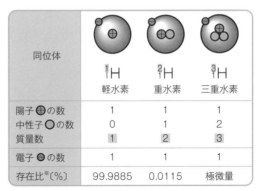

同位体	$^1_1$H 軽水素	$^2_1$H 重水素	$^3_1$H 三重水素
陽子⊕の数	1	1	1
中性子○の数	0	1	2
質量数	1	2	3
電子⊖の数	1	1	1
存在比※〔%〕	99.9885	0.0115	極微量

水素の同位体　　※存在比とは，同位体が地球上に存在する割合を，原子数の比で表したもの。

多くの元素に同位体が存在しているよ。
天然に存在する同位体の存在比は地球上でほぼ一定なんだ。

同位体の中には，放射線を放出して別の原子に変化するものがある（^{3}Hや^{14}Cなど）。これを**放射性同位体（ラジオアイソトープ）**

といい，放射線を放出する性質を**放射能**という。

> テレビなどで「放射能が出る」などという表現が使われているけれど，これは
> 間違い。放射能とは，"放射線を出す能力"のこと。

では，ここまでの内容を問題で確認しよう。

問1 次の①〜⑤のうち，数が等しいものはどれとどれ
か選べ（ただし，2つとは限らない）。
　① 質量数　　② 陽子の数　　③ 中性子の数
　④ 電子の数　　⑤ 原子番号

問2 原子の構造に関する記述として**誤りを含むもの**を，次
の①〜④のうちから1つ選べ。
　① 原子の中心には，陽子を含む原子核があり，正に帯電
している。
　② 原子の大きさは，原子核の大きさにほぼ等しい。
　③ 原子の質量は，陽子と中性子の質量の和にほぼ等しい。
　④ 原子番号が同じで質量数が異なる原子どうしを，互い
に同位体という。

問1 「原子番号＝陽子の数＝電子の数」の関係は押さえておこう。
問2 原子核の大きさは，原子に比べてきわめて小さい。

答 問1 ②，④，⑤　**問2** ②

THEME

5 | 周期表

ここで きめる!

- 原子番号 1～20 までの元素を覚えよう。
- 性質が類似する代表的な元素群を覚えよう。

1 | 周期律と周期表

元素を**原子番号順**に並べると，似た性質の元素が周期的に現れる。

だから周期表っていうのですね。

そうなんだ。

このような元素の性質の周期性を**周期律**といい，この周期律にしたがって，**性質の似た元素を同じ縦の列に並べた**表を**周期表**というんだ。

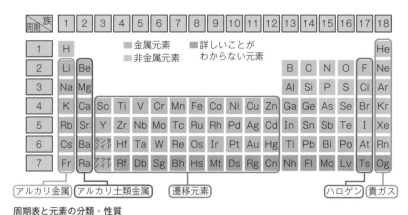

周期表と元素の分類・性質

1869年，ロシアの化学者**メンデレーエフ**が周期表の原型を作った。現在の周期表は，元素が原子番号順に並んでいるが，メンデレーエフの周期表は，原子量順に並んでいる（原子量については，p.111で詳しく説明する）。

① 周期と族

周期表の横の行を**周期**，縦の列を**族**というよ。

現在用いられている周期表は，第1〜7周期の7つの周期と，第1〜18族の18の族がある。同じ族に属する元素を**同族元素**という。

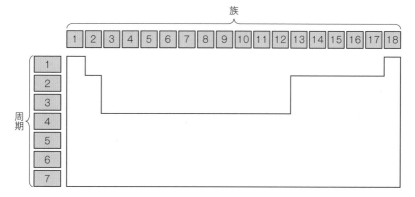

② 典型元素と遷移元素

周期表の1，2族及び13〜18族の元素を**典型元素**といい，それ以外（3〜12族）の元素を**遷移元素**という。

典型元素の同族元素は，**価電子（最外殻電子）**の数が同じで，互いに性質が似ているよ。また，縦の列ごとに，固有のグループ名をもつものがある。遷移元素は，同周期内で似た性質を示すことが多いよ。

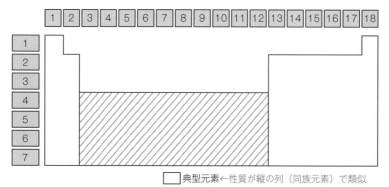

□ 典型元素←性質が縦の列（同族元素）で類似
▨ 遷移元素←性質が横の行（同周期元素）で類似

3 金属元素と非金属元素

単体が「特有の光沢をもつ」,「電気・熱をよく通す」などの性質をもつ元素を**金属元素**という。金属元素は, 全元素の約80%を占めているんだよ。遷移元素は, すべて金属元素だ。金属元素以外の元素のことを**非金属元素**というよ。

	1	2	3	4	5	6	7	8	9	10	11	12	13	14	15	16	17	18

■金属元素 ←遷移元素すべてを含んでいる
■非金属元素 ←周期表の右上側に配置
■詳しいことが
　わからない元素

周期表での配置は,
「左下側が金属元素で, 右上側が非金属元素」
というように覚えておこうね!

2　重要な元素記号と元素名

周期表の元素記号とか元素名はどこまで覚えないといけないのですか?

原子番号が1～20までの元素は順番に覚えてほしいんだ。あとは4つの縦列(同族元素)を覚えてほしい。

4つの縦列？

周期表では性質が縦に類似するんだけど，特に似た性質をもつ元素群にはグループ名がついていて，そこを覚えてほしい。具体的には，アルカリ金属，アルカリ土類金属，ハロゲン，貴(希)ガスだよ

① 原子番号1～20の元素の元素記号と元素名

　周期表の前半部分である原子番号1～20(HからCaまで)の元素は，元素記号と元素名を覚えなくてはいけないよ。これは，電子配置（p.56）などを考えるときにも必要な知識だ。周期表での配置を見ながら，有名なゴロ合わせでしっかり覚えよう！

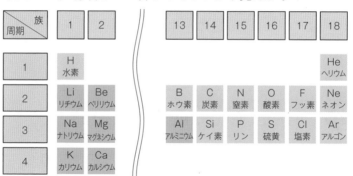

原子番号20（Ca）までの覚え方

水 兵 リー ベ ぼく の ふ ね なあ に 間が あるシップ す クラーク か
H He Li　Be B C N O F Ne Na　Mg Al　Si P S Cl Ar K Ca

原子番号1～20の並び順を覚えよう。

② アルカリ金属

　水素Hを除いた1族元素の総称を**アルカリ金属**というよ。(リチウムLi, ナトリウムNa, カリウムK, ルビジウムRb, セシウムCs, フランシウムFr)

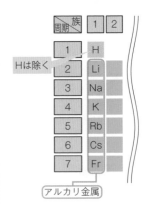

アルカリ金属

アルカリ金属の覚え方

リッチ	な	かーちゃん	ルビー
Li	Na	K	Rb

せしめて	フランス	へ
Cs	Fr	

1族元素すべてをアルカリ金属と呼ぶわけではないので, 要注意! アルカリ金属は, 水と反応してアルカリ塩になることに由来する(ナトリウムNaは水と反応すると, 水酸化ナトリウムNaOHになる)。

化学基礎で特に重要なのは
リチウムLi, ナトリウムNa, カリウムKの3つだ。

③ アルカリ土類金属

　2族元素の総称を**アルカリ土類金属**という。(ベリリウムBe, マグネシウムMg, カルシウムCa, ストロンチウムSr, バリウムBa, ラジウムRa)

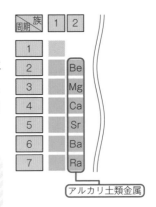

アルカリ土類金属

アルカリ土類金属の覚え方

ベリー	マジ	で	キャッ	スル	ば	ら
Be	Mg		Ca	Sr	Ba	Ra

4 ハロゲン

17族元素の総称を**ハロゲン**というよ。

（フッ素 F，塩素 Cl，臭素 Br，ヨウ素 I，
アスタチン At）

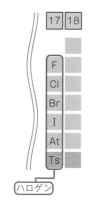

ハロゲンの覚え方

<u>ふ</u>っ <u>くら</u> <u>ブラ</u> <u>ウ</u>ス <u>私</u> に <u>あ</u>ってる
F　　Cl　　Br　　I　　　At

アルカリ土類金属のカルシウム Ca とハロゲンの
フッ素 F，塩素 Cl，臭素 Br，ヨウ素 I は化学基
礎でよく出てくる物質だよ。

5 貴（希）ガス

18族元素の総称を**貴（希）ガス**というよ。

（ヘリウム He，ネオン Ne，アルゴン Ar，
クリプトン Kr，キセノン Xe，ラドン Rn）

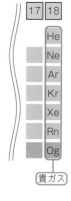

貴ガスの覚え方

<u>へん</u> <u>ねー</u> <u>アル</u> <u>コー</u>ル <u>くさい</u> <u>ラドン</u>
He　　Ne　　Ar　　Kr　　Xe　　Rn

ヘリウム He，ネオン Ne，アルゴン Ar は化学基
礎で特に重要だよ。貴"ガス"元素の単体は，す
べて常温・常圧下で"気体"だよ。

COLUMN 周期表の覚え方

　周期表のゴロ合わせを①〜⑤にまとめておくよ。声に出しながらリズムで覚えてしまおう。

① 原子番号20（Ca）までの覚え方

水 兵 リー ベ ぼく の ふ ね なあに 間が あるシップ す クラークか
H He Li　Be B C N O F Ne Na　　Mg Al Si P S Cl Ar K Ca

② アルカリ金属の覚え方（Hは入らないので注意！）

リッチ な かーちゃん ルビー せしめて フランス へ
Li　Na　K　　Rb　Cs　　Fr

③ アルカリ土類金属の覚え方

ベリー マジ で キャッ スル ば ら
Be　Mg　Ca　Sr Ba Ra

④ ハロゲンの覚え方

ふ っ くら ブラ ウス 私 に あってる
F　Cl Br　I　At

⑤ 貴ガスの覚え方

へん ねー アル コール くさい ラドン
He Ne Ar Kr Xe Rn

では，周期表について問題で確認しよう。

例題　次の表は，原子番号1～20の周期表の概略図である。空欄①～⑦にあてはまる元素記号と元素名を，それぞれ答えよ。

周期＼族	1	2		13	14	15	16	17	18
1	①								He ヘリウム
2	Li リチウム	Be ベリリウム		B ホウ素	②	N 窒素	③	F フッ素	Ne ネオン
3	④	Mg マグネシウム		Al アルミニウム	Si ケイ素	⑤	S 硫黄	⑥	Ar アルゴン
4	⑦	Ca カルシウム							

答
① 元素記号：H　元素名：**水素**
② 元素記号：C　元素名：**炭素**
③ 元素記号：O　元素名：**酸素**
④ 元素記号：Na　元素名：**ナトリウム**
⑤ 元素記号：P　元素名：**リン**
⑥ 元素記号：Cl　元素名：**塩素**
⑦ 元素記号：K　元素名：**カリウム**

原子番号1～20は基本中の基本だよ。しっかり覚えたかな？

THEME

6 電子配置とイオン

ここで
きめる！

📖 代表的な原子の電子配置を答えられるようにしよう。

📖 イオンのなりたちを理解しよう。

1 電子殻と電子配置

電子は原子核の周りを取り巻くように存在している。その電子が存在できる空間を，**電子殻**というよ。電子殻は，次ページの図のようにいくつかの層に分かれている。原子核から近い順に，**K殻，L殻，M殻，N殻，…というふうにKから始まるアルファベット順に名前がついていて**，それぞれの殻に入ることのできる電子の数は限られているんだ。

どうしてKから始まるの？

 K殻が発見された当初，まだ内側があるかもと考えられていたからなんだ。

でも，結局なかったのですね（笑）

電子の最大収容数は，内側から n **番目の殻で** $2n^2$ **個**となっている。これにあてはめると，K殻（$n=1$）は最大2個まで，L殻（$n=2$）は8個まで，M殻（$n=3$）は18個まで電子を収容できることになるね。

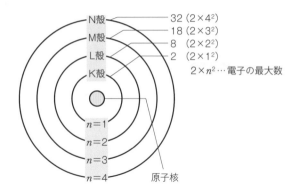

N殻 ── 32 (2×4²)
M殻 ── 18 (2×3²)
── 8 (2×2²)
L殻 ── 2 (2×1²)
K殻 ── 2×n^2…電子の最大数

$n=1$
$n=2$
$n=3$
$n=4$ ── 原子核

電子の最大収容数は$2n^2$を計算すればわかるけど，K殻：2個，L殻：8個，M殻：18個くらいまでは覚えてしまおう！

　電子は最も内側の**K殻から順に入っていく**。例えば，ナトリウム原子$_{11}$Naでは，K殻に2個，L殻に8個，M殻に1個の電子が入ることになる。このような，電子殻への電子の入り方のことを電子配置というよ。

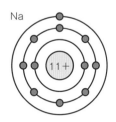

Na

11＋

原子核に近い電子ほど，原子核に強く引きつけられていて，安定しているよ。

2 いろいろな元素の電子配置とイオン

❶ 貴(希)ガスの電子配置

「原子番号＝陽子の数＝電子の数」の関係は前に説明したよね(p.43)。これを踏まえて，まずは貴ガスの電子配置を考えてみよう。

●ヘリウム原子 ($_2$He) の電子配置

原子番号2のヘリウム原子は，K殻に2個の電子を収容し，安定な電子配置をしている。

原子番号2
（電子数2）　➡　K殻　2個　➡　原子核中の陽子の数＝2　安定な電子配置

●ネオン原子 ($_{10}$Ne) の電子配置

原子番号10のネオン原子は，K殻に2個，L殻に8個の電子を収容し，安定な電子配置をしている。

原子番号10
（電子数10）　➡　K殻　2個　　L殻　8個　➡　安定な電子配置

● アルゴン原子（$_{18}$Ar）の電子配置

原子番号18のアルゴン原子は，K殻に2個，L殻に8個，M殻に8個の電子を収容し，安定な電子配置をしている。

最外殻がより外側になるので，原子半径は
Ar＞Ne＞Heの順になるよ。

原子の最も外側の電子殻（最外殻）に収容されている電子を，**最外殻電子**と呼ぶよ。貴ガスでは，この最外殻電子の数が2（最外殻がK殻のとき）または8となっていることがわかるよね。このような電子配置は安定化する。これは重要だから，しっかり理解しておこう。

> **POINT** **貴ガスの電子配置**
>
> 　原子は，**最外殻電子の数が2（最外殻がK殻のとき）または8になると安定化する。貴ガスはこの電子配置をもっているため，安定している。**

貴ガスは原子のカリスマ。
他の原子はみんな，貴ガス型の電子配置を目指していると考えよう！

② アルカリ金属の電子配置

　次はアルカリ金属（Hを除く1族元素）の電子配置を説明するよ。貴ガス型の電子配置が安定であることを踏まえて考えていこう。

●ナトリウム原子（$_{11}Na$）の電子配置

　原子番号11のナトリウム原子は，K殻に2個，L殻に8個，M殻に1個の電子を収容している。

　さあ，このナトリウム原子Naの電子配置をよく見てみよう。M殻の1個の電子がジャマな気がするよね。だって，この1個の電子がなくなれば，貴ガスであるネオン原子Neと同じ電子配置になり，安定化するんだから。このため，**ナトリウム原子は最外殻電子1個を容易に放出する**んだ。

　この結果，陽子の数は11個，電子の数は10個で，**陽子の数のほうが1個多くなり，全体で＋1の電荷をもつ**ようになる。このような，電荷をもった粒子のことを**イオン**といい，正の電荷をもつイオンを**陽イオン**，負の電荷をもつイオンを**陰イオン**というよ。また，イオンになるときに，原子が放出した電子の数，または受け取った電子の数を**イオンの価数**という。

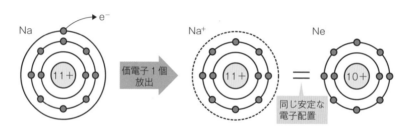

ナトリウムイオンは，ナトリウム原子が電子を１個放出したものだから，**１価の陽イオン**となる。元素記号を使って表すときは，右上に正負の符号と価数をつけて，Na^+のように表すんだ。価数が１のとき，１は省略するよ。この表し方を**イオンの化学式**という。

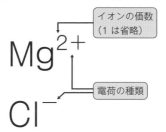

3 ハロゲンの電子配置

今度はハロゲン原子（17族元素）の電子配置について考えていこう。ここでも，貴ガス型の電子配置が安定であることが重要だ。

● 塩素原子（$_{17}Cl$）の電子配置

原子番号17の塩素原子は，K殻に２個，L殻に８個，M殻に７個の電子を収容している。

塩素原子Clの電子配置を見ると，先ほどのナトリウム原子の例とは逆に，M殻に１個の電子を追加したいところだよね。１個の電子が追加されれば，貴ガスであるアルゴン原子Arと同じ電子配置になり，安定化する。このため，**塩素原子は最外殻に電子が１個多く入りやすい**んだ。

この結果，**電子の数が，陽子の数よりも１個多くなり，全体で－１の電荷をもつ**ようになるんだ。これを**１価の陰イオン**という。イオンの化学式で表すとCl^-で，これを**塩化物イオン**と呼ぶよ。

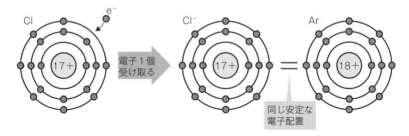

④ イオンの分類

イオンには，１つの原子が電荷をもった**単原子イオン**と，複数の原子が結合した原子団が電荷をもった**多原子イオン**がある。ナトリウムイオンNa^+，塩化物イオンCl^-は，ともに単原子イオンだ。単原子イオンと多原子イオンについては，SECTION 2(p.75)で詳しく説明するよ。

では，ここまでの内容を問題で確認しよう。

問1 次の原子，イオンについて，各電子殻に配置されている電子の数を，例にならって答えよ。

（例）$_6C$：K2, L4

（ア）$_{11}Na$原子 　　　（イ）$_8O^{2-}$イオン

問2 次の各イオンと同じ電子配置をもつ貴ガスを元素記号で答えよ。

（ア）Cl^- 　　（イ）Li^+ 　　（ウ）S^{2-} 　　（エ）Al^{3+}

問1 （イ） $_8O$原子ではK殻に2個，L殻に6個という電子配置になるが，$_8O^{2-}$イオンは**電子を2個受け取って生じた陰イオン**なので，L殻の電子が2個増えたものになる。

問2 （ア） $_{17}Cl$原子の電子配置はK殻に2個，L殻に8個，M殻に7個。$_{17}Cl^-$は電子を1個受け取って生じた陰イオンなので，M殻の電子が1個増え，**アルゴンArと同じ電子配置**（K殻に2個，L殻に8個，M殻に8個）となる。

（イ） $_3Li$原子の電子配置はK殻に2個，L殻に1個。$_3Li^+$は電子を1個放出して生じた陽イオンなので，L殻の電子が1個減り，**ヘリウムHeと同じ電子配置**（K殻に2個）になる。

（ウ），（エ） 同様に考え，$_{16}S^{2-}$は電子を2個受け取って生じた陰イオンなので，原子の状態より電子が2個増えて，**Arと同じ電子配置**になる。$_{13}Al^{3+}$は電子を3個放出して生じた陽イオンなので，原子の状態より電子が3個減って，**ネオンNeと同じ電子配置**（K殻に2個，L殻に8個）となる。

 問1 （ア） $_{11}Na$：K2，L8，M1

　　　　（イ） $_8O^{2-}$：K2，L8

　　問2 （ア） **Ar**　　（イ） **He**

　　　　（ウ） **Ar**　　（エ） **Ne**

7 周期律

価電子の数，イオン化エネルギー，電子親和力の周期性について理解しよう。

1 価電子とエネルギー

1 価電子

　最外殻電子は，原子の反応性や結合において，重要な役割を果たしている。内側の電子殻に入っている電子との区別のため，この電子のことを，**価電子**と呼ぶよ。

　通常は，最外殻電子＝価電子と考えていいけれど，例外がある。貴ガスの最外殻電子は2個または8個だけれど，反応や結合はほとんどしないので，**貴ガスの価電子の数は0**とみなすんだ。これは重要なので，覚えておこう。

> **POINT** **価電子の数**
>
> 　貴ガスの価電子の数＝0個
> その他の原子の価電子の数＝最外殻電子数（1〜7個）

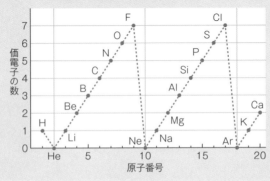

価電子の数が等しい原子は互いに性質が似るんだ。周期表の縦列（同族元素）の性質が似るのはこれが理由だよ。

② イオン化エネルギー

原子から電子を1個取り去って，**1価の陽イオンにするために必要なエネルギー**を（第1）**イオン化エネルギー**という。

イオン化エネルギー

$$M \longrightarrow M^+ + e^-$$

イオン化エネルギーは，陽イオンにするのに必要となるエネルギーなので，**陽イオンになりやすい原子ほど小さく，陽イオンになりにくい原子ほど大きくなる**んだ。

じゃあ，今度はイオン化エネルギーと周期表の関係を考えてみよう。まず，**同一周期（同じ横の行）では，右に進むほどイオン化エネルギーは大きくなる**。なぜかというと，周期表の左側には陽イオンになりやすいアルカリ金属などが並んでいて，右側には陰イオンになりやすいハロゲンや安定な貴ガス（陽イオンになりにくい原子）が並んでいるからだ。

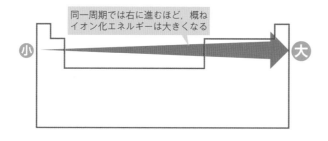

同一周期では右に進むほど，概ねイオン化エネルギーは大きくなる

小　　　　　　　　　　　　　　　　大

次に，同族元素（同じ縦の列）におけるイオン化エネルギーの大小関係を考えてみよう。同族元素では，周期表を下に進むほど最外殻は原子核から遠ざかり※，電子が原子核に引きつけられる力は弱くなる。そのため，電子を取り去るのに必要なイオン化エネルギーも，**周期表を下に進むほど小さくなる。**

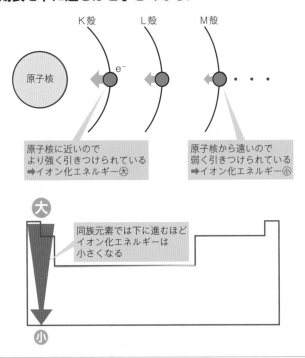

例えば1族元素の場合，H原子の最外殻電子はK殻に，Li原子の最外殻電子はL殻に，そしてNa原子の最外殻電子はM殻に存在する。

　原子番号とイオン化エネルギーの周期的変化を表すグラフは次のようになるよ。

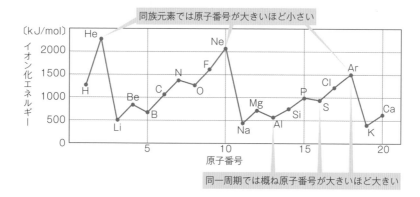

同族元素では原子番号が大きいほど小さい

〔kJ/mol〕
イオン化エネルギー

同一周期では概ね原子番号が大きいほど大きい

POINT **イオン化エネルギー**

イオン化エネルギー

原子から電子を1個取り去って，1価の陽イオンにするために必要なエネルギー。周期表上では，右上にいくほど大きくなる。

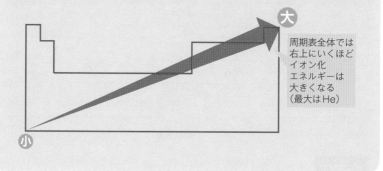

周期表全体では
右上にいくほど
イオン化
エネルギーは
大きくなる
（最大はHe）

③ 電子親和力

原子が電子を1個受け取って，**1価の陰イオンになる際に放出するエネルギーを電子親和力**という。

ここでは，**陰イオンになりやすい原子（特にハロゲン）は電子親和力が大きい**ということだけを覚えておけばいいよ。

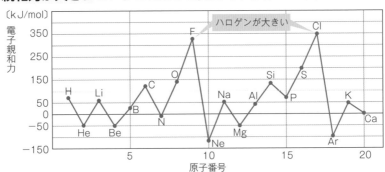

POINT **電子親和力**

電子親和力

原子が電子1個を獲得して，1価の陰イオンになるときに放出するエネルギー。陰イオンになりやすいハロゲンが大きいと覚えておけばよい。

では，ここまでの内容を過去問で確認しよう。

過去問 にチャレンジ

　イオンに関する記述として**誤りを含むもの**を，次の①〜⑤のうちから1つ選べ。

① 原子がイオンになるときに放出したり，受け取ったりする電子の数をイオンの価数という。

② 原子から電子を取り去って，1価の陽イオンにするのに必要なエネルギーを，イオン化エネルギー（第一イオン化エネルギー）という。

③ イオン化エネルギー（第一イオン化エネルギー）の小さい原子ほど陽イオンになりやすい。

④ 原子が電子を受け取って，1価の陰イオンになるときに放出するエネルギーを，電子親和力という。

⑤ 電子親和力の小さい原子ほど陰イオンになりやすい。

（2007年度センター本試験）

「イオン化エネルギー」は，**e^-を1個取り去るのに必要なエネルギー**だから，小さいほど，陽イオンになりやすいよ。

また，**「電子親和力」**は，**e^-を1個受け取る際に放出するエネルギー**で，大きいほど，陰イオンになりやすいよ。

よって，⑤が誤りになるんだ。

（参考）

原子がe^-を**1個放出**して生じる陽イオンは**1価の陽イオン**。

　　例）$Na \longrightarrow Na^+ + e^-$

原子がe^-を**1個受け取って**生じる陰イオンは**1価の陰イオン**。

　　例）$Cl + e^- \longrightarrow Cl^-$

答え ⑤

SECTION

化学結合

THEME

#
SECTION 2 で学ぶこと

ここが問われる！

結晶の分類とその性質の違いは頻出！

結晶は結びつきの違いにより，「**イオン結晶**」，「**金属結晶**」，「**分子結晶**」，「**共有結合の結晶**」に分類される。それぞれの結晶の性質の違いをしっかり押さえておこう！

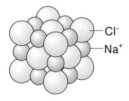

イオン結晶

金属結晶

分子結晶

共有結合の結晶

分子の形と極性は頻出！

分子は頻出問題のひとつだよ。最低限，下の2つは覚えておこう。

☐ 分子のつくられ方

分子はおもに原子どうしが**共有結合**で結びついてつくられる。その際，分子によっては二重結合や三重結合を含むものもある。電子式・構造式とセットでしっかり整理して覚えよう！

名称と分子式	メタン CH_4	アンモニア NH_3	水 H_2O	窒素 N_2	二酸化炭素 CO_2
電子式	H:C:H の上下にH（$H:\overset{H}{\underset{H}{C}}:H$）	$H:\overset{\cdot\cdot}{N}:H$ の下にH	$H:\overset{\cdot\cdot}{\underset{\cdot\cdot}{O}}:H$	$:N::N:$	$\overset{\cdot\cdot}{O}::C::\overset{\cdot\cdot}{O}$
構造式	$H-\overset{H}{\underset{H}{C}}-H$	$H-\overset{H}{N}-H$ の下にH	$H-O-H$	$N≡N$	$O=C=O$

単結合は「−」で表す

三重結合は「≡」で表す

二重結合は「=」で表す

☐ 分子の形と極性の有無

極性の有無を**分子の形**と**電気陰性度の差**から判断できるようにしよう。綱引きのイメージでしっかり覚えてほしい。分子の形のみを問われることも。

電子が偏る

SECTION 2で学ぶ「化学結合」は共通テストでは基礎知識を試す問題がほとんどなので，確実かつ手短に解答できるようにしっかり習得したい。

THEME

1 | イオン結合

ここで 🖐️ イオン結合とイオン結晶について知ろう。
きめる！

すべての物質はイオンや原子という小さな粒子が結びついてできている。この粒子どうしの結びつきを化学結合というんだ。

1 イオン結合

 磁石のN極とS極の間にはどんな力がはたらく？

引き合う力でしょ。

そう，引力がはたらく。それと同じように**陽イオンと陰イオンの間には引力**がはたらいて，**静電気力（クーロン力）**と呼ぶんだ。

一方，陽イオンどうしとか陰イオンどうしの間には，反発しあう力(斥力)がはたらくことになる。静電気力によるイオンどうしの結びつきを**イオン結合**といって，**金属元素の原子と非金属元素の原子の結びつき**はイオン結合と考えておけばいいよ。

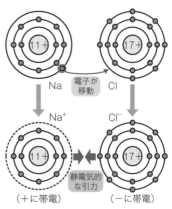

ナトリウムNa(金属元素)と
塩素Cl(非金属元素)のイオン結合

① イオンの化学式

陽イオンと陰イオンのイオン結合からなる物質は，イオンの種類と，その数の割合を最も簡単な整数比で示した**組成式**で表される。組成式の前にまず，イオンの化学式を書けるようになろう。

1つの原子からなるイオンを**単原子イオン**といい，これに対して，複数の原子からなるイオンを**多原子イオン**というんだったね（p.62）。例えば，塩化物イオン Cl^- は単原子イオン，アンモニウムイオン NH_4^+ は多原子イオンだよ。

ここでは，多原子イオンの化学式の書き方を説明していくよ。その前に，次のイオンの化学式と名称をセットで暗記してほしい。

	イオンの名称	イオンの化学式	
単原子イオン	水素イオン	H^+	
	ナトリウムイオン	Na^+	1価の陽イオン
	銀イオン	Ag^+	
	塩化物イオン	Cl^-	1価の陰イオン
多原子イオン	アンモニウムイオン	NH_4^+	1価の陽イオン
	硝酸イオン	NO_3^-	
	水酸化物イオン	OH^-	1価の陰イオン
	炭酸水素イオン	HCO_3^-	
	硫酸水素イオン	HSO_4^-	
	硫酸イオン	SO_4^{2-}	2価の陰イオン
	炭酸イオン	CO_3^{2-}	
	リン酸イオン	PO_4^{3-}	3価の陰イオン

価数の違いに注目しよう！

② イオン結合からなる物質の組成式とその名称

　陽イオンと陰イオンのイオン結合からなる物質の「組成式の書き方」とその「名称の読み方」には，3つのルールがあるよ。

> **POINT** **組成式の書き方**
>
> **ルール①** 「陽イオンの価数×陽イオンの数＝陰イオンの価数×陰イオンの数」の関係が成り立つようなイオンの数をさがす。
>
> **ルール②** **陽イオン→陰イオンの順**に元素記号を書き，その元素記号の右下に，ルール①で見つけた**数の比（最も簡単な整数比）**を書く。
> このとき，数字が1になる場合は省略する。多原子イオンが2つ以上あるときは（　）でくくる。
>
> **ルール③** 名称は，**陰イオン→陽イオンの順に読む**。このとき，**イオン名から"イオン"または"物イオン"は省く**。

　イオン結合の物質は異符号のイオンどうしが結びつくことで，正・負の電荷がつり合い，全体として電気的に中性となるよ。では，このルールにしたがって，組成式と名称を書いてみよう。

●**カルシウムイオンCa^{2+}と水酸化物イオンOH^-からなる化合物**

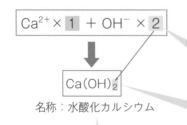

$$Ca^{2+} \times \boxed{1} + OH^- \times \boxed{2}$$

↓

$$Ca(OH)_2$$

名称：水酸化カルシウム

ルール①
Ca^{2+}の価数は2，OH^-の価数は1なので，Ca^{2+}の数は1，OH^-の数は2となる。
　陽イオンの価数(2)×陽イオンの数(1)
＝陰イオンの価数(1)×陰イオンの数(2)

ルール②
陽イオン→陰イオンの順に並べる。
右下につける数字は，Ca^{2+}の数は1つなので，省略する。多原子イオンのOH^-が2つなので，（　）でくくって2をつける。

ルール③
陰イオン→陽イオンの順に読む。
"イオン"または"物イオン"は省略する。
➡水酸化カルシウム

●カルシウムイオン Ca^{2+} とリン酸イオン PO_4^{3-} からなる化合物

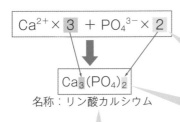

$Ca^{2+} \times 3 + PO_4^{3-} \times 2$

$$Ca_3(PO_4)_2$$

名称：リン酸カルシウム

ルール①
Ca^{2+} の価数は2, PO_4^{3-} の価数は3なので,
Ca^{2+} の数は3, PO_4^{3-} の数は2となる。
　陽イオンの価数(2)×陽イオンの数(3)
＝陰イオンの価数(3)×陰イオンの数(2)

ルール②
陽イオン→陰イオンの順に並べる。
多原子イオンの PO_4^{3-} が2つなので, (　)
でくくって2をつける。

ルール③
陰イオン→陽イオンの順に読む。
"イオン"または"物イオン"は省略する。
→**リン酸カルシウム**

例題 次の陽イオンと陰イオンを組み合わせてできる化合物の
組成式と名称を答えよ。

	CO_3^{2-}	PO_4^{3-}	HCO_3^{-}	OH^{-}
Na^+	（ア）	（イ）	（ウ）	（エ）
Mg^{2+}	（オ）	（カ）	（キ）	（ク）
Al^{3+}	（ケ）	（コ）		（サ）
NH_4^+	（シ）	（ス）		

（ア）　陽イオンの価数(1)×陽イオ
　　　ンの数(x)＝陰イオンの価数
　　　(2)×陰イオンの数(y) より,
　　　$x = 2$, $y = 1$

（イ）　陽イオンの価数(1)×陽イオ
　　　ンの数(x)＝陰イオンの価数
　　　(3)×陰イオンの数(y) より,
　　　$x = 3$, $y = 1$

$Na^+ \times 2 \longrightarrow CO_3^{2-} \times 1$

$$Na_2CO_3$$
炭酸ナトリウム

$Na^+ \times 3 \longrightarrow PO_4^{3-} \times 1$

$$Na_3PO_4$$
リン酸ナトリウム

（ウ）　陽イオンの価数（1）×陽イオンの数（x）＝陰イオンの価数（1）×陰イオンの数（y）より，
　　　$x＝1$，$y＝1$

$$Na^+×1 \longrightarrow HCO_3^-×1$$
$$\downarrow$$
NaHCO₃
炭酸水素ナトリウム

（エ）　陽イオンの価数（1）×陽イオンの数（x）＝陰イオンの価数（1）×陰イオンの数（y）より，
　　　$x＝1$，$y＝1$

$$Na^+×1 \longrightarrow OH^-×1$$
$$\downarrow$$
NaOH
水酸化ナトリウム

（オ）　陽イオンの価数（2）×陽イオンの数（x）＝陰イオンの価数（2）×陰イオンの数（y）より，
　　　$x＝1$，$y＝1$

$$Mg^{2+}×1 \longrightarrow CO_3^{2-}×1$$
$$\downarrow$$
MgCO₃
炭酸マグネシウム

（カ）　陽イオンの価数（2）×陽イオンの数（x）＝陰イオンの価数（3）×陰イオンの数（y）より，
　　　$x＝3$，$y＝2$

$$Mg^{2+}×3 \longrightarrow PO_4^{3-}×2$$
$$\downarrow$$
Mg₃(PO₄)₂
リン酸マグネシウム

（キ）　陽イオンの価数（2）×陽イオンの数（x）＝陰イオンの価数（1）×陰イオンの数（y）より，
　　　$x＝1$，$y＝2$

$$Mg^{2+}×1 \longrightarrow HCO_3^-×2$$
$$\downarrow$$
Mg(HCO₃)₂
炭酸水素マグネシウム

（ク）陽イオンの価数（2）×陽イオンの数（x）＝陰イオンの価数（1）×陰イオンの数（y）より，
　　　$x＝1$，$y＝2$

$$Mg^{2+}×1 \longrightarrow OH^-×2$$
$$\downarrow$$
Mg(OH)₂
水酸化マグネシウム

（ケ）陽イオンの価数（3）×陽イオンの数（x）＝陰イオンの価数（2）×陰イオンの数（y）より，
　　　$x＝2$，$y＝3$

$$Al^{3+}×2 \longrightarrow CO_3^{2-}×3$$
$$\downarrow$$
Al₂(CO₃)₃
炭酸アルミニウム

（コ）陽イオンの価数（3）×陽イオンの数（x）＝陰イオンの価数（3）×陰イオンの数（y）より，
$x=1$，$y=1$

$$Al^{3+} \times 1 \longrightarrow PO_4{}^{3-} \times 1$$
$$\downarrow$$
$$AlPO_4$$
リン酸アルミニウム

（サ）陽イオンの価数（3）×陽イオンの数（x）＝陰イオンの価数（1）×陰イオンの数（y）より，
$x=1$，$y=3$

$$Al^{3+} \times 1 \longrightarrow OH^- \times 3$$
$$\downarrow$$
$$Al(OH)_3$$
水酸化アルミニウム

（シ）陽イオンの価数（1）×陽イオンの数（x）＝陰イオンの価数（2）×陰イオンの数（y）より，
$x=2$，$y=1$

$$NH_4{}^+ \times 2 \longrightarrow CO_3{}^{2-} \times 1$$
$$\downarrow$$
$$(NH_4)_2CO_3$$
炭酸アンモニウム

（ス）陽イオンの価数（1）×陽イオンの数（x）＝陰イオンの価数（3）×陰イオンの数（y）より，
$x=3$，$y=1$

$$NH_4{}^+ \times 3 \longrightarrow PO_4{}^{3-} \times 1$$
$$\downarrow$$
$$(NH_4)_3PO_4$$
リン酸アンモニウム

答 （ア） Na_2CO_3 炭酸ナトリウム
（イ） Na_3PO_4 リン酸ナトリウム
（ウ） $NaHCO_3$ 炭酸水素ナトリウム
（エ） $NaOH$ 水酸化ナトリウム
（オ） $MgCO_3$ 炭酸マグネシウム
（カ） $Mg_3(PO_4)_2$ リン酸マグネシウム
（キ） $Mg(HCO_3)_2$ 炭酸水素マグネシウム
（ク） $Mg(OH)_2$ 水酸化マグネシウム
（ケ） $Al_2(CO_3)_3$ 炭酸アルミニウム
（コ） $AlPO_4$ リン酸アルミニウム
（サ） $Al(OH)_3$ 水酸化アルミニウム
（シ） $(NH_4)_2CO_3$ 炭酸アンモニウム
（ス） $(NH_4)_3PO_4$ リン酸アンモニウム

　多数の陽イオンと陰イオンがイオン結合によって集まると，固体ができあがる。この固体を**イオン結晶**と呼ぶ。

　例えば，塩化ナトリウム $NaCl$ は，金属イオンであるナトリウムイオン Na^+ と非金属元素である塩化物イオン Cl^- が多数集合したイオン結合によってできた，イオン結晶だよ。

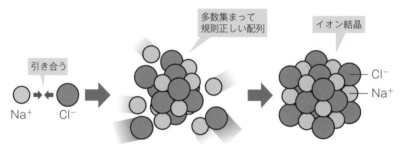

塩化ナトリウム $NaCl$ の結晶の生成

　イオン結晶は，多数の陽イオンと陰イオンが交互に規則正しく集合している。この状態ではイオンどうしの結びつきが強く，硬い。

　でも，強い力を加えると，**イオンの配列がずれ，同符号のイオンどうしが向かい合う**。すると斥力がはたらき，結晶は割れてしまう（へき開という）。そのため，イオン結晶の性質は，「**硬いがもろい**」と表現されることが多いよ。

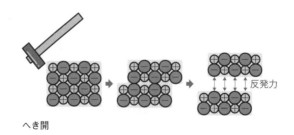

へき開

また，イオン結晶は構成するイオンが静電気的な引力で結びついており，自由に動くことができない。そのため，固体のままでは電気を通すことはできないんだ。

　電気を通すためには，プラス（＋）やマイナス（－）の電気を帯びた粒子が動くことが必要なんだ。例えば，融解させて液体にしたり，水に溶かして水溶液にすると，イオンが動けるようになり，電気を通すようになる。このように，水溶液中でイオンが動けるようになることを電離という。電離する物質を電解質，電離しない物質を非電解質というよ。

　例えば，電解質である塩化ナトリウム NaCl は，水に入れるとナトリウムイオン Na^+ と塩化物イオン Cl^- に電離する。これを式で表すと

$$NaCl \longrightarrow Na^+ \ + \ Cl^-$$

となる。このように，電解質が電離する様子を表した式を，電離式というよ。

電離については，SECTION 4で詳しく説明するよ。

POINT　イオン結合・イオン結晶のまとめ

① 金属元素の原子（陽イオンになる）と非金属元素の原子（陰イオンになる）がイオン結合し，集まった結晶。
② 硬いがもろい。
③ 固体は電気を通さないが，液体や水溶液は電気を通す。

THEME

2 金属結合

 金属結合と金属結晶について知ろう。

1 金属結合

 1円玉は何でできているか知ってる？

アルミニウムでしょ。

 そう。1円玉は膨大なアルミニウム原子が集まってできているんだけど，ここではどのように金属原子どうしが結びつくか学んでいくよ。

　金属原子が集合すると，金属原子の価電子はもとの原子から離れて自由に金属内を動くようになる。このような電子を**自由電子**といい，金属原子どうしを結びつける接着剤のようなはたらきをする。この**自由電子を介した結合**を，金属結合という。

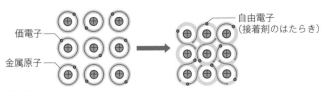

価電子
金属原子
自由電子（接着剤のはたらき）

金属結合

 自由電子は原子の間を自由に動き回っているよ。

2 金属結晶とその性質

金属結晶（金属の固体）のおもな性質は以下の３つだ。しっかり覚えておこう。

① 金属光沢

時計やジュースの缶を見てみよう。光沢があるよね。これを**金属光沢**という。これは，自由電子が光を反射させることによるものだよ。

② 電気伝導性・熱伝導性が大きい

金属結晶内には自由電子という負電荷をもつ粒子が動き回っているので，金属結晶は**電気伝導性が大きくなる**んだ。また，この自由電子は熱も運んでくれるので，金属結晶は**熱伝導性も大きくなる**よ。

電気配線や調理器具に金属が使われるのはこのためなんだ。

③ 展性・延性に富んでいる

金属結晶は**たたくと薄く広げることができる**。この性質を**展性**_{てんせい}
という。また，**細長く引き延ばすこともできる**。この性質を**延性**_{えんせい}
という。

これは，外から力が加わり，金属原子の配列がずれても自由電子
が移動することで，金属結合が維持されるからなんだ。このような
性質のおかげで，金属結晶は変形が可能なんだ。

2

金属結合

配列がずれるだけで
金属結合は維持される

原子相互の
位置が変化

外力

外力

金属の中で，展性も延性も金が最大だよ。
なんと，1gの金から畳半畳ほどの金箔（展性に
よる）や2.8kmの金糸（延性による）が作られ
るんだ。

POINT 　**金属結合・金属結晶のまとめ**

① **金属光沢**をもつ。
　⇒自由電子が光を反射させることによる。
② **電気伝導性**（電気を伝える性質），**熱伝導性**（熱を伝える性
　質）**が大きい**。
　⇒自由電子が電気や熱を伝えることによる。
③ **展性**（薄く広がる性質），**延性**（細長く引き延ばすことがで
　きる性質）**をもつ**。

では，金属結合と金属結晶について確認しよう。

例題 金属の結晶（固体）の性質に関する記述として正しいもの を，次の①～⑦のうちからすべて選べ。

① 分子どうしが分子間力で集合している。

② 金属原子が自由電子を介して結びついている。

③ 固体は電気を通さないが，液体や水溶液は電気を通す。

④ 電気伝導性・熱伝導性が大きい。

⑤ 硬いがもろい。

⑥ 昇華性をもつものが多い。

⑦ 展性や延性をもつ。

金属の結晶は，**自由電子を介して金属原子どうしが結びついて できる。**この**自由電子は電気や熱を運ぶはたらきがある**ので，金 属は電気伝導性・熱伝導性が大きいんだ。

また，外力により配列がずれても金属結合は維持されるので，**展 性・延性に富み，変形が可能**となるんだ。

③と⑤はイオンからなる結晶（イオン結晶）の性質だね。①と⑥は 分子からなる結晶（分子結晶）の性質を示しているよ。分子結晶に ついては，p.99で説明するよ。

 **答** ②，④，⑦

THEME

3 | 共有結合

📖 共有結合と分子について知ろう。
📖 共有結合の結晶について知ろう。

1 共有結合と分子

水の分子式は知ってる?

さすがに! H₂Oですよね。

そうだね。じゃあ,水素原子と酸素原子はどのように結びついていると思う?

え……イオン結合,ではないですよね?

　違うよね。**イオン結合は金属と非金属の原子間の結びつき**だったね。水素原子も酸素原子も非金属元素の原子だからね。ここでは,非金属元素の原子同士の結びつきを学んでいくよ。

　共有結合とは,原子どうしが強く結びついた最強の化学結合だ。一般に,**非金属元素どうしが結びつくとき**は,**共有結合**になるよ。共有結合を理解するには,電子式を書いて考えるとわかりやすいので,まずは電子式の書き方をマスターしよう。

1 電子式の書き方

　電子式とは,元素記号の周りに最外殻電子を・を使って表記したもので,次の2つのルールにしたがって書いていく。

POINT 電子式の書き方

ルール① 元素記号の周囲に**最外殻電子の数だけ，4方向（上下左右）に1個ずつ・**を書いていく。

ルール② **5個目以降は：のように，対**になるように書いていく。

では，おもな原子の電子式を書いてみよう。

例1 水素原子の電子式

水素原子の最外殻電子数は1なので H・

水素原子の電子配置
K殻に電子が1つ存在する。

·Hや・Hのように書いてもいいよ。

例2 炭素原子の電子式

炭素原子の最外殻電子数は4なので ·C·

炭素原子の電子配置
K殻に2つ，L殻に4つの電子が存在する。

C：は間違い。・は4方向に1個ずつ書いていくよ。

例3 窒素原子の電子式

窒素原子の最外殻電子数は5なので ·N·

窒素原子の電子配置
K殻に2つ，L殻に5つの電子が存在する。

·N：や：N・でも可。
対の位置は必要に応じて変えていいよ。

例4 酸素原子の電子式

酸素原子の最外殻電子
数は6なので ·Ö·

酸素原子の電子配置

K殻に2つ, L殻に6
つの電子が存在する。

窒素Nと同じように, 対や電子の位置を変えて
:Ö·や·Ö:でもいいよ。

例5 ネオン原子の電子式

ネオン原子の最外殻
電子数は8なので :Ne:
‥

ネオン原子の電子配置

K殻に2つ, L殻に8つ
の電子が存在する。

ネオン原子は電子が2個ずつ配置されているね。

　電子式を書いたときに, 対になっていない電子（·で表される電子）
があるよね。この電子を**不対電子**という。例1〜4を見てもわか
るように, 水素原子は1個, 炭素原子は4個, 窒素原子は3個, 酸
素原子は2個の不対電子をもっている。

　これに対し, 対になった電子（:で表される電子）のことを**非共
有電子対**という（他の原子とは共有せず, 単独で所有している電
子対ということ）。例3の窒素原子が1対, 例4の酸素原子が2対,
例5のネオン原子が4対の非共有電子対をもっているのがわかるよね。

　ここで, 必ず覚えてもらいたいことがある。それは**不対電子は
とても不安定で, 電子は対になって安定化する**ということだ。竹
馬の棒は1本だと安定しないけど, 2本の棒をもつと安定して歩け
るのと同じで, 電子が1個（不対電子）だと安定しないけど, 電子
が2個（非共有電子対）だと安定するんだよ。

不対電子をもつ原子は，なんとかして安定な電子対の形を取りたい。そのために，**他の原子の不対電子と，自分の不対電子を合わせて電子対を作り，これを共有する**んだ。このときできる電子対を**共有電子対**と呼び，共有電子対を形成してできる結びつきを**共有結合**という。

共有結合（水素 H_2）

不対電子　　　　　　　　　　　　　共有電子対

　1対の共有電子対による共有結合を**単結合**，2対，3対の共有電子対による共有結合をそれぞれ**二重結合，三重結合**というよ。

水素原子間の結合は，
1対の共有電子対による結合なので，単結合だね。

　この考え方を踏まえて，共有結合によってできる分子の，結びつきの様子を見てみよう。

例1　メタン（CH_4）分子の電子式
　4つの水素原子の不対電子と炭素原子の不対電子が4つの共有電子対を作る。

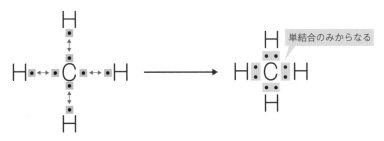

単結合のみからなる

水素原子と炭素原子が単結合を作っているね。

例2 アンモニア(NH₃)分子の電子式

　３つの水素原子の不対電子と窒素原子の不対電子が３つの共有電子対を作る。

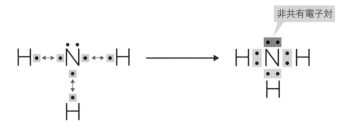

非共有電子対

水素原子が窒素原子と共有結合を作るよ。非共有電子対が１つあるね。

例3 水(H_2O)分子の電子式

　２つの水素原子の不対電子と酸素原子の不対電子が２つの共有電子対を作る。

水素原子が酸素原子と共有結合を作るよ。

例4 窒素(N_2)分子の電子式

窒素原子どうしの不対電子がそれぞれ３つの共有電子対を作る。

不対電子が
残らないよう結合

三重結合

３対の共有電子対による，三重結合であることがわかるかな。

3

共有結合

例5 二酸化炭素（CO₂）分子の電子式

　2つの酸素原子の不対電子と炭素原子の不対電子がそれぞれ共有電子対を作る。

二重結合

2対の共有電子対による，二重結合であることがわかるかな。

2 構造式の書き方

　1対の共有電子対を1本の線（**価標**という）で表したものを**構造式**という。p.89〜91の例1〜5の分子の構造式は以下のようになる。

名称と分子式	メタン CH_4	アンモニア NH_3	水 H_2O	窒素 N_2	二酸化炭素 CO_2
電子式	H : C : H（上下にH）	H : N : H（下にH）	H : Ö : H	: N ::: N :	Ö :: C :: Ö
構造式	H–C–H（上下にH）	H–N–H（下にH）	H–O–H	N≡N	O=C=O

単結合は「－」で表す

三重結合は「≡」で表す

二重結合は「＝」で表す

構造式に非共有電子対を書く必要はないよ。

③ 配位結合

　ここまで説明してきた共有結合は，互いに電子を出し合って結合を作っていたが，**一方の原子から非共有電子対がそのまま提供されてできる**共有結合もある。これを特に**配位結合**というよ。

　ここでは，アンモニア分子（NH_3）や水分子が，それぞれ水素イオンと配位結合して，アンモニウムイオンNH_4^+やオキソニウムイオンH_3O^+を作るということを知っておこう。

　配位結合では，アンモニウムイオンとオキソニウムイオンの2つを押さえておけばいいよ！

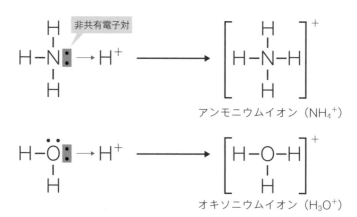

アンモニウムイオン（NH_4^+）

オキソニウムイオン（H_3O^+）

　配位結合は，共有結合とは結合の仕組みは違うけど，できてしまえば見た目は共有結合と同じになる。だから，アンモニウムイオンの4つのN－H結合，及びオキソニウムイオンの3つのO－H結合は，**どれが配位結合によってできたものか，区別はできない**んだ。

　共有結合との結合の仕組みの違いは理解できた？共有結合では，互いに不対電子を出し合っているけど配位結合では，片方だけが非共有電子対を出しているね。

POINT	共有結合のまとめ

① 非金属元素の原子どうしが作る。

② 結びつきが強い化学結合である。

③ 各原子の不対電子がなくなるように，電子を共有して共有電子対を作る。

④ 1対の共有電子対を1本の価標で表したものを構造式という（単結合は－，二重結合は＝，三重結合は≡で表す）。

⑤ 一方の原子の非共有電子対を別の原子が共有してできる共有結合を配位結合という。

2 分子の立体構造と極性

構造式は，分子の結合を平面的に表したものなので，実際の形とは異なる場合もある。分子の立体的な形を**立体構造**といい，**直線形**，**折れ線形**，**三角錐形**，**正四面体形**など，それぞれの分子によって様々な形があるんだ。下の表はしっかり覚えておこう。

分子の形	直線形	折れ線形	三角錐形	正四面体形
例	塩化水素HCl※ 二酸化炭素CO_2	水H_2O 硫化水素H_2S	アンモニアNH_3	メタンCH_4 四塩化炭素CCl_4（テトラクロロメタン）

※二原子分子（H_2，O_2，N_2，Cl_2など）はすべて直線形になる。

① 電気陰性度

　異なる原子が共有結合を作るとき，共有電子対は一方の原子に偏る。これは，原子によって共有電子対を引きつける力に差があるからだ。原子が**共有電子対を引きつける力の強さ**を数値で表したものを，**電気陰性度**という。

　電気陰性度の値が大きいほど，電子をより強く引きつける。下の電気陰性度の表を見てほしい。フッ素原子F，酸素原子O，塩素原子Cl，窒素原子Nの順に電気陰性度が大きい。

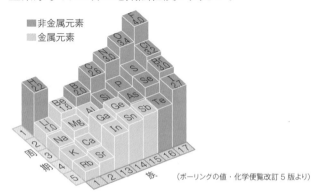

（ポーリングの値・化学便覧改訂5版より）

　電気陰性度は相対的なものなので，他の原子と結合しない貴ガスは，数値化できない。だから，**電気陰性度は貴ガスを除いて定義する**よ。

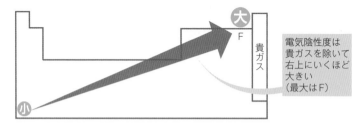

電気陰性度は
貴ガスを除いて
右上にいくほど
大きい
（最大はF）

共有結合している原子は，
共有電子対を互いに引っ張ろうとするんだ。
原子間で綱引きをしているようなイメージかな。
電気陰性度は綱を引く強さに相当するよ。

② 二原子分子の極性

2つの原子が共有結合を作る場合，共有電子対は電気陰性度の大きい原子へと引き寄せられ，結合に電荷の偏りが生じる。これを**極性**という。

● 塩化水素HClの場合（極性分子）

塩素原子Clと水素原子Hが共有結合している塩化水素HClの場合，共有電子対は電気陰性度の大きい塩素原子側に引き寄せられる。塩素原子はわずかに負の電荷（δ−と表記する）を帯び，水素原子はわずかに正の電荷（δ＋と表記する）を帯びるようになるよ。

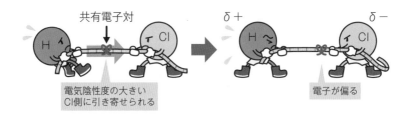

共有電子対が塩素原子側に
引き寄せられて，電子が偏るよ。

このように，共有電子対が一方の原子に偏っている状態を「結合に**極性**がある」という。分子全体で極性をもつものを**極性分子**と呼ぶよ。塩化水素は極性分子だね。

また，同じ原子からなる二原子分子では，共有電子対はどちらの原子側にも偏ることはなく，極性は生じない。このような分子を**無極性分子**と呼ぶよ。水素H_2は無極性分子だ。

●水素 H_2 の場合（無極性分子）

同じ原子なので
引き合う力も同じ

同じ力で引っ張るので，どちらかの原子に
電子が偏ることはないよ。

③ 三原子以上からなる分子の極性

三原子以上からなる分子の極性を考える場合は，**電気陰性度の差と分子の立体構造を考慮**して，極性の有無を判断するよ。

●水 H_2O の場合（極性分子）

２つの水素原子と酸素原子が共有結合した水 H_2O の場合，共有電子対は電気陰性度の大きい酸素原子側に引き寄せられる。酸素原子はわずかに負の電荷を帯び，水素原子はわずかに正の電荷を帯びるようになる。また，$O-H$ 間に偏りが生じるので，水は極性分子となる。

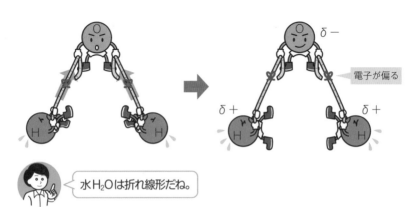

水 H_2O は折れ線形だね。

●アンモニアNH_3の場合（極性分子）

　アンモニアNH_3の場合，窒素原子は，3つの水素原子それぞれと共有結合し，共有電子対は電気陰性度の大きい窒素原子側に引き寄せられる。その結果，窒素原子はわずかに負の電荷を，水素原子はわずかに正の電荷を帯びるため，アンモニアは極性分子となる。

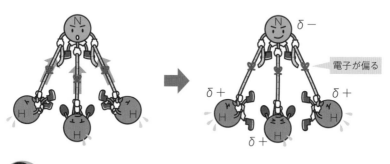

アンモニアNH_3は三角錐形だね。

●二酸化炭素CO_2の場合（無極性分子）

　二酸化炭素CO_2の場合，C＝O間には極性が生じるが，分子全体として見れば酸素原子が同じ力で反対方向に引っ張り合っているため，つり合うんだ。つまり，二酸化炭素は無極性分子となる。

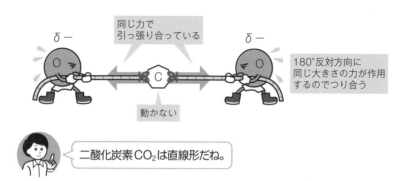

二酸化炭素CO_2は直線形だね。

●四塩化炭素（テトラクロロメタン）CCl_4の場合（無極性分子）

　四塩化炭素CCl_4の場合，C－Cl間には極性が生じるが，分子全体として見れば正四面体の頂点方向から塩素原子が同じ力で引っ張り合っているため，つり合う。つまり，四塩化炭素は無極性分子となる。

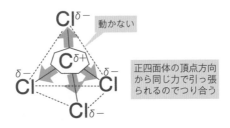

四塩化炭素CCl_4は正四面体形だね。
正四面体の頂点方向から「同じ力で引っ張る」もしくは「同じ力で引っ張られる」と，つり合うと覚えておこう。

POINT　共有電子対・極性のまとめ

電気陰性度…共有電子対を引きつける力の強さ。貴ガスを除いて，周期表の右上にいくほど大きい。

極性…原子が電気陰性度の大きい原子へと引き寄せられ，結合に電荷の偏りが生じること。

　極性分子(HCl，H_2O，NH_3)

　無極性分子(H_2，CO_2，CCl_4)

3　分子間力と分子結晶

　分子と分子の間には，非常に弱い引力である**分子間力（ファンデルワールス力）**という力がはたらいているんだ。この分子間力によって多数の分子が集まってできた結晶を**分子結晶**という。

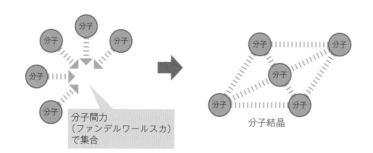

分子間力
（ファンデルワールス力）
で集合

分子結晶

　分子間力は弱い力なので，簡単に切れてしまう。だから，分子結晶は**昇華性**をもつものが多いんだ。

分子間力は
簡単に切れてしまう

気体になる（昇華）

固体

　また，分子結晶は結びつきが弱いので，一般的に**融点が低く，やわらかい**固体となる。次に学習する共有結合でできた結晶（共有結合の結晶）とは真逆の性質になるよ。

　分子結晶のおもな例としては，

　　　　「**ドライアイスCO_2**」，「**ヨウ素I_2**」，
　　　　「**ナフタレン**」，「**パラジクロロベンゼン**」

の４つを覚えておこう。

> **POINT** **分子間力・分子結晶のまとめ**
>
> ① **分子間力**(ファンデルワールス力)により集まってできた結晶。
> ② **昇華性**をもつものが多い。
> ③ **融点が低く，やわらかい。**
> ④ 分子結晶のおもな例は，「**ドライアイスCO₂**」，「**ヨウ素I₂**」，「**ナフタレン**」，「**パラジクロロベンゼン**」。

4 共有結合の結晶

非金属元素の原子が多数，共有結合により結びついてできあがった固体を共有結合の結晶という。

結合の強さは，一般に**共有結合＞イオン結合＞金属結合≫分子間力**の順になっているんだ。そのため，共有結合の結晶は，**融点が極めて高く，硬くなる**。おもな共有結合の結晶とその簡単な性質を覚えておこう。

1 ダイヤモンド

ダイヤモンドは，炭素Cの同素体の1つだ。正四面体を基本単位として，**立体網目構造をもつ**。非常に硬くて，**電気は通さない**よ。

炭素原子
立体網目構造

ダイヤモンドの融点は非常に高く，高圧下で加熱すると，約4000℃で融解するよ。

② 黒鉛

　鉛筆の芯などに使われる黒鉛も，炭素Cの同素体の１つだったね。正六角形を基本単位として，平面が地層のようにいくつも積み重なった**平面層状構造をもつ。電気をよく通す**よ。

　ダイヤモンドは各炭素原子の４つの価電子がすべて結合しているのに対し，黒鉛は各炭素原子の価電子のうち３つが結合し，１つが余っている。この，結合に使われなかった価電子が平面内を自由に動くことができるので，黒鉛は電気を通すことができるんだ。

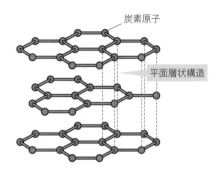

炭素原子

平面層状構造

黒鉛は平面構造をしており，
他の共有結晶に比べるともろいよ。

③ ケイ素Si

　ケイ素の単体もダイヤモンドと同様に，正四面体を基本単位とする**立体網目構造をもつ。**高純度のケイ素は**半導体**として**ICチップ**や**太陽電池**などに用いられる。

ケイ素原子

立体網目構造

ケイ素の融点は約1410℃だよ。
ダイヤモンドと同じような構造をしているね。

④ 二酸化ケイ素 SiO_2

ケイ素原子の周囲に4個の酸素原子が共有結合でつながり，この四面体を基本単位とする**立体網目構造をもつ**。二酸化ケイ素の自然界における結晶は**石英（水晶）**と呼ばれる。**光ファイバー**などに用いられる。

3

共有結合

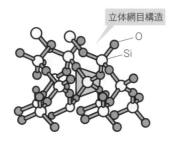

立体網目構造

O

Si

二酸化ケイ素の融点は約1550℃だよ。

POINT　**共有結合の結晶のまとめ**

① 非金属元素が多数，共有結合することでできる。

② 融点が非常に高い。

③ 非常に硬い。

④ 黒鉛を除き，電気を通さない。

⑤ 共有結合の結晶のおもな例は，「ダイヤモンド」，「黒鉛」，「ケイ素 Si」，「二酸化ケイ素 SiO_2」。

では，ここまでの内容を確認しておこう。

例題 次の各分子について，下の問いに答えよ。

(ア) H_2O　　(イ) CO_2　　(ウ) NH_3　　(エ) CH_4

問1 (ア)～(エ)の各分子を構造式で記せ。

問2 (ア)～(エ)の各分子の非共有電子対の数を記せ。

問3 (ア)～(エ)の各分子の立体構造を下から選べ。

　① 直線形　　② 正三角形　　③ 三角錐形

　④ 折れ線形　　⑤ 正四面体形

問4 (ア)～(エ)のうち，無極性分子であるものをすべて選べ。

問1 構造式は立体構造を表現する必要はない。

問2 それぞれ，電子式を書いてみよう（□が非共有電子対）。

問4 (イ) O原子が180°反対方向に，同じ大きさの力で引っ張り合っているのでつり合う。よって，無極性分子。

　　(エ) 正四面体の重心の位置にあるC原子が，正四面体の頂点方向から共有電子対を同じ力で引っ張っているのでつり合う。よって，無極性分子。

答 **問1** (ア) H−O−H　　(イ) O=C=O

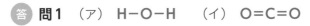

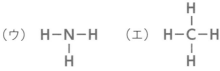

問2 (ア) **2**　　(イ) **4**　　(ウ) **1**　　(エ) **0**

問3 (ア) ④　　(イ) ①　　(ウ) ③　　(エ) ⑤

問4 **(イ)，(エ)**

SECTION **2** 化学結合

COLUMN 化学結合の見分け方

　SECTION 2のまとめに，化学結合の種類の考え方として大事なことを押さえておこう。

　非金属元素どうしが結びつくときは**共有結合**

　金属元素どうしが結びつくときは**金属結合**

　金属元素と非金属元素が結びつくときは**イオン結合**

　例えば，HClは$\underset{\text{非金属}}{\underline{H}}$と$\underset{\text{非金属}}{\underline{Cl}}$の結合なので共有結合，NaClは$\underset{\text{金属}}{\underline{Na}}$と$\underset{\text{非金属}}{\underline{Cl}}$の結合なのでイオン結合ということになるね。

　では，NH_4Cl（固体）の場合はどうなるだろう。この化合物は，NH_4^+（アンモニウムイオン）とCl^-（塩化物イオン）からなるイオン結晶だ。だから，NH_4^+とCl^-の結びつきはイオン結合となる。

　ここからさらに，NH_4^+内の結合を詳しく見てみよう。

　アンモニア分子（NH_3）が水素イオンH^+と配位結合して，アンモニウムイオンNH_4^+を作るということは，p.92で学習したね。残り3つのN-Hは非金属元素どうしの結合なので，共有結合になるね。

　つまり，4つのN-H結合のうち，3つが共有結合，1つが配位結合になるんだ。ただし，どれが共有結合で，どれが配位結合かは区別できない。

　まとめると，NH_4Cl（固体）に存在する化学結合は全部で，**共有結合，配位結合，イオン結合の3種類ある**ということだよ。

対策問題にチャレンジ

　以下の空欄にあてはまるものとして正しいものを，(ア)～(エ)は解答群Ⅰより1つずつ，(オ)～(ク)は解答群Ⅱより1つずつ，(ケ)～(シ)は解答群Ⅲより2つずつ選べ。

	共有結合の結晶	イオン結晶	金属結晶	分子結晶
構成粒子	原子 (非金属)	陽イオンと陰イオン	金属原子 (金属陽イオン)	分子
構成粒子どうしの結びつき	(ア)	(イ)	(ウ)	(エ)
機械的性質	(オ)	(カ)	(キ)	(ク)
例	(ケ)	(コ)	(サ)	(シ)

〈解答群Ⅰ　(ア)～(エ)〉

① 静電気的な引力　　② 金属結合

③ 共有結合　　　　　④ 分子間力

〈解答群Ⅱ　(オ)～(ク)〉

① 展性・延性に富む　② 非常に硬い

③ やわらかい　　　　④ 硬いがもろい

〈解答群Ⅲ　(ケ)～(シ)〉

① ダイヤモンド　　　② 塩化ナトリウム

③ ヨウ素 (I_2)　　　　④ 黒鉛 (グラファイト)

⑤ 鉛　　　　　　　　⑥ ドライアイス

⑦ 炭酸カルシウム　　⑧ アルミニウム

（オ），（ク）　共有結合は最強の結合。共有結合の結晶は，一般的に
　　　　融点が高く，結合が強いほど硬くなるよ。その真逆の性質にな
　　　　るのが分子結晶だね。分子間力は弱い結びつきなので，一般的
　　　　に融点が低く，やわらかいよ。

（ケ）　共有結合の結晶の例としては，「黒鉛（グラファイト）C」，「ダ
　　　　イヤモンドC」，「ケイ素Si」，「二酸化ケイ素SiO_2」を覚えて
　　　　おこう。

（コ）　イオン結晶は，陽イオンと陰イオンからなるものを選ぶよ。
　　　　②はNa^+とCl^-，⑦はCa^{2+}とCO_3^{2-}からなるね。

（シ）　分子結晶の例としては，「ドライアイスCO_2」，「ヨウ素I_2」，
　　　　「ナフタレン」，「パラジクロロベンゼン」を覚えておこう。

答え	（ア）③	（イ）①	（ウ）②	（エ）④
	（オ）②	（カ）④	（キ）①	（ク）③
	（ケ）①，④	（コ）②，⑦	（サ）⑤，⑧	
	（シ）③，⑥			

SECTION

物質量と化学反応式

THEME

SECTION3で学ぶこと

物質量の計算を自由自在にできるようになろう！

共通テストでは物質量の計算は頻出。**化合物中に含まれる原子（またはイオン）の物質量の計算**は苦手な受験生が多く，差がつくテーマ。しっかり考え方を身につけよう！

濃度計算を正確にできるようになろう！

濃度計算は酸・塩基（SECTION 4）でも必要になるので，この単元でしっかり習得しよう！　質量％濃度からモル濃度への変換（またその逆）は頻出テーマではあるがコツをつかめば簡単だ。

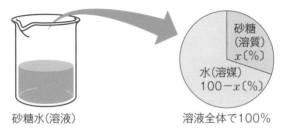

砂糖水（溶液）　　　　　　　　　溶液全体で100％

ここが問われる！

化学反応式と物質量関係をしっかり理解しよう！

化学反応式を用いて，**反応量や生成量を正しく求めることができるように**なろう。共通テストではグラフを用いた問題（p.144）も頻出である。解き方のコツをしっかり習得しよう！

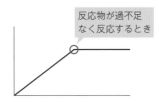

反応物が過不足なく反応するとき

SECTION 3で学ぶ「物質量と化学反応式」からの出題は**毎年必ず見受けられる**。化学計算のきほんのきが物質量計算。コツをつかめば難しくはないよ！

THEME

1 | 化学量その1　原子量

ここで
きめる!

📖 相対質量の考え方を理解しよう。
📖 原子量を計算できるようにしよう。

1 相対質量

 原子1個の質量はすごく小さいんだ。

うん。なんとなくはわかります。

 例えば，質量数12の炭素原子1個の質量は 1.99×10^{-23} g なんだ。

小さすぎてよくわかりません。

　そう，だからそのままでは扱いにくい。そのため，原子1個の質量は**質量数12の炭素原子 ^{12}C の質量を12としたときの相対質量**で表すことになっているんだ。

相対質量？

　うん。質量数とほとんど同じ値にはなるのだけど，例えば，体重50 kgのヒト，500 kgのウマ，5,000 kgのゾウを例に考えてみよう。ヒト1人の質量を1とすると，その10倍の重さのウマは相対質量10，100倍の重さのゾウは相対質量100になるんだ。

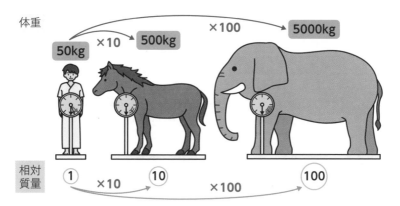

体重

50kg ×10 500kg ×100 5000kg

相対質量 ① ×10 ⑩ ×100 ⑩⑩

ようするに「比」ってこと？

　そう！　相対質量は**基準となる質量に対する，他の物質の質量の比を示したもの**だよ。だから単位はないんだ。

　相対質量は原子のように小さな質量を表現するにはとても便利な工夫だよ。ただ，そこで大事になることは，「何を基準にするか」だ。例えば，上の例の場合，仮に馬の体重を1と基準にしたら，相対質量はヒトが0.1，ゾウが10となってしまうよね。そこで，原子の質量基準は世界中の科学者たちが話し合った結果，**質量数12の炭素原子^{12}Cの質量を12とする**としっかり規定されているよ。

2　原子量・分子量・式量

1　原子量

元素の中には，質量数の異なる同位体が存在するものがあったよね？

覚えてます！　原子核中の中性子の数が異なることで，質量数が違うのですよね？

そう，質量が異なるよ。でも，同位体は同じ化学的性質をもっている。

えっ？　じゃあ化学反応の際の質量変化は同位体によって変わってくるわけでしょ？　毎回毎回，同位体の種類に応じて場合分けするの？？

すごく手間だよね。だから各元素の質量を表す代表のような数値を作ることにしていて，それを**原子量**というよ。

では，その計算方法を説明していくよ。天然に存在する炭素原子の同位体，^{12}C と ^{13}C の場合で考えてみよう。

原子	^{12}C	^{13}C
相対質量	12.0	13.0
存在比	98.9%	1.1%

この2種類の同位体は，^{12}C が98.9%，^{13}C が1.1%の割合で天然に存在する。このとき，相対質量の数値だけを見て，単純にその平均値を原子量としてはダメだ。

$$炭素の原子量 = \frac{12 + 13}{2} = 12.5$$

なぜかというと，^{12}C と ^{13}C の存在比が異なるからだ。圧倒的に ^{12}C のほうが多く存在するのに，相対質量の平均をとった12.5では不自然だよね。

原子量は，**各同位体の相対質量にそれぞれの存在比を掛けて**，その和を求めるんだ。

原子量の求め方
原子量＝（同位体の相対質量×その存在比）の和

では，正しい計算で炭素の原子量を求めてみよう。

$$\text{炭素の原子量} = 12.0 \times \frac{98.9}{100} + 13.0 \times \frac{1.1}{100}$$

相対質量

存在比

$$= 12.011 ≒ 12.01$$

 原子量も相対質量と同様に，単位はないよ。

　原子量は，計算問題として出題される以外は，問題文中に与えられるから覚える必要はないよ。計算の方法だけ覚えておこう。

2 分子量

　原子量と同じように $^{12}C = 12$ を基準として求めた分子1個の相対質量を**分子量**という。**構成原子の原子量の総和**を求めればいいだけなので，難しくないよね。実際にやってみよう。

　例えば，原子量を $H = 1.0$，$C = 12$，$O = 16$ とすると，次の化合物の分子量は以下の通りだね。

・水 H_2O の分子量 $= 1.0 \times 2 + 16 = 18$

Hの原子量　　　　Oの原子量

・二酸化炭素 CO_2 の分子量 $= 12 + 16 \times 2 = 44$

Cの原子量　　　Oの原子量

3 式量

　イオン結合の物質や金属などの組成式において，分子量の代わりに用いるのが**式量**だ。式量は，分子量と同じように**構成原子の原子量の総和**を求めることで算出できるよ。

　イオンには，電子を失ってできる陽イオンと，電子を得てできる陰イオンがあったね。ただ，電子の質量は原子に比べてとても小さいので(p.43)，電子のことは，ここでは無視して考えていいんだ。

例えば，原子量を C ＝ 12，O ＝ 16，Na ＝ 23 とすると，次の化合物の式量は以下の通りになるよ。

・炭酸イオン CO_3^{2-} の式量＝ 12 ＋ 16 × 3 ＝ 60
　　　　　　　　　Cの原子量　　　Oの原子量

・炭酸ナトリウム Na_2CO_3 の式量＝ 23 × 2 ＋ 12 ＋ 16 × 3 ＝ 106
　　　　　　　　　　Naの原子量　Cの原子量　　Oの原子量

金属の単体は，原子量が式量となるよ。
元素記号が組成式そのものだからね。

COLUMN　「分子式」と「組成式」

「分子式」と「組成式」の区別は，多くの受験生が苦手としている。簡単に区別するために，**構造式で書ける物質の化学式が「分子式」**で，**構造式で書けない物質の化学式が「組成式」**と考えよう。

構造式とは，分子中の原子の結合の様子を表したものだったね。例えば，メタン CH_4 は，C が 1 つ，H が 4 つと書くことができる。構造式で書くことができるから，CH_4 は分子式なんだ。

$$\begin{array}{c} H \\ | \\ H-C-H \\ | \\ H \end{array}$$

構成原子の実際の数を構造式で表現できるから分子式だ！

一方，構造式で書けない物質もある。例えば，塩化ナトリウム $NaCl$（固体）やダイヤモンド（C）だ。このような物質の化学式は，「構成粒子数の比」や「繰り返し単位」を表す組成式を用いるよ。

塩化ナトリウム $NaCl$（固体）

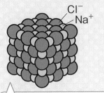

Cl^-
Na^+

Na：Cl＝1：1を表す

ダイヤモンド C

炭素原子

Cの繰り返しを表す

　　固体の銅は化学式でCuと表す。これも，Cu原子の繰り返しを表したもので，組成式だ。

　　つまり，構造式で書けないものは，イオン結晶・金属結晶・共有結合の結晶で，組成式で表すと覚えておこう。

問1　次の物質の分子量，または式量を求めよ。ただし，原子量を$H = 1.0$，$C = 12$，$N = 14$，$O = 16$，$S = 32$とする。

① 　二酸化窒素NO_2　　　　　② 　エタノールC_2H_6O
③ 　炭酸水素イオンHCO_3^-　　④ 　硫酸イオンSO_4^{2-}

問2　天然の塩素原子には^{35}Clと^{37}Clの2種類の同位体があり，その存在比は^{35}Clが75％，^{37}Clが25％である。塩素原子の原子量を求めよ。

問1　分子量・式量は，**構成原子の原子量の総和**を求めればいい。イオンの化学式の**電子の質量は，とても小さいので無視できる**のだったね。

① 　NO_2の分子量$= 14 + 16 \times 2 = $ **46**
② 　C_2H_6Oの分子量$= 12 \times 2 + 1.0 \times 6 + 16 = $ **46**
③ 　HCO_3^-の式量$= 1.0 + 12 + 16 \times 3 = $ **61**
④ 　SO_4^{2-}の式量$= 32 + 16 \times 4 = $ **96**

問2　原子量は，**各同位体の相対質量にそれぞれの存在比を掛けて，その和を求めればよい。**

$$Clの原子量 = \underbrace{35}_{相対質量} \times \underbrace{\frac{75}{100}}_{存在比} + \underbrace{37}_{相対質量} \times \underbrace{\frac{25}{100}}_{存在比} = 35.5$$

　　　　　　　　　　^{35}Cl　　　　　　　　　^{37}Cl

答 **問1**　① 　**46**　　② 　**46**　　③ 　**61**　　④ 　**96**

　　問2　**35.5**

THEME

2 化学量その2　物質量（mol）

ここで
きめる！

📖 モルの定義を理解しよう。
📖 モルが教えてくれる3つの情報を覚えよう。

1 物質量（mol）の定義

スナックお菓子を買うとき，その数はどのように
表現する？

1袋，2袋と数えます！

そうだよね。52粒とか180粒とか言わないよね。それと同じよ
うに化学では，原子や分子の数をまとめて表現する。それを**物質
量（単位はmol）** と呼ぶよ。

ダースと同じ？

まさにその通りで，例えば鉛筆12本をひとまと
まりにして1ダースと数えるのと同じ考え方だ。

原子，分子，イオンなどの粒子**6.02 × 10²³個をひとまとまり
にして1 mol**としているよ。

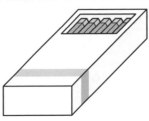

6.02 × 10²³個の粒子の集団を**1モル（mol）**というんだ。モルを単位とした物質の量を**物質量**と呼ぶよ。2 molの場合，粒子の個数は6.02 × 10²³ × 2というように，モルに比例して粒子の個数も増えていくよ。

1 mol
||
6.02×10²³個

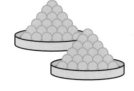

2 mol
||
6.02×10²³個×2

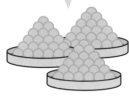

3 mol
||
6.02×10²³個×3

1 molは6.02 × 10²³個の粒子の集団だよ。

1 molあたりの粒子の数を**アボガドロ定数（N_A）**といい

$$N_A = 6.02 × 10^{23}/mol$$

と表す。

物質量とアボガドロ定数には，次の関係式が成り立つ。

モル公式①

$$物質量〔mol〕= \frac{粒子の数}{アボガドロ定数〔/mol〕}$$

物質量を用いる際は，対象となる粒子の種類に注意しないといけないんだ。例えば，「窒素分子N_2 1 mol中に含まれる窒素原子は何mol？」と聞かれたら，N_2分子の数は当然6.02×10^{23}個となるけど，ばらばらにしたときに出てくる窒素原子Nの数は2倍の12.04×10^{23}個になるよね。

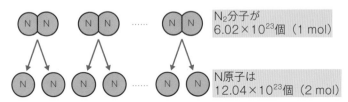

N_2分子が
6.02×10^{23}個（1 mol）

N原子は
12.04×10^{23}個（2 mol）

　つまり，窒素分子N_2 1 mol中に含まれる窒素N原子は2 molということになるね。**分子に含まれる原子**を問われたら，上のように「バラバラにしたときに出てくる」と解釈するといいよ！

2　物質1 molの質量（モル質量）

　物質1 molの質量は，**原子量・分子量・式量に（g）単位をつけたもの**と考えていいよ。たとえば，水H_2O（分子量18）1 molの質量は，水の分子量18にgをつけて，18 gになる。実際の水分子H_2O 1個の質量は，約3.0×10^{-23} g。これが1 mol分，つまり6.02×10^{23}個集まると

$$3.0 \times 10^{-23} \times 6.02 \times 10^{23} = 18.06 \fallingdotseq 18$$

となり，分子量とほぼ一致しているんだ。

水分子

1 molをはかりに
のせると…

水分子
6.02×10^{23}個

分子量＝$1.0 \times 2 + 16 = 18$

18 g

1 molの重さは6.02×10^{23}個の粒子の重さだね。

物質1 molあたりの質量を**モル質量（g/mol）**と呼ぶよ。モル質量は、**原子量・分子量・式量に（g/mol）の単位をつけたもの**だ。

原子量・分子量・式量と物質量の関係を次の表にまとめたよ。

ここで押さえてほしいのは、原子量・分子量・式量がモル質量と一致している、ということだ。これより、物質量と質量、モル質量には、次の関係式が成り立つ。

モル公式②

$$物質量〔mol〕= \frac{物質の質量〔g〕}{モル質量〔g/mol〕}$$

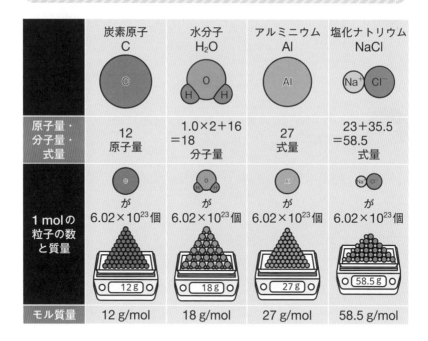

	炭素原子 C	水分子 H_2O	アルミニウム Al	塩化ナトリウム NaCl
原子量・分子量・式量	12 原子量	$1.0 \times 2 + 16$ $=18$ 分子量	27 式量	$23 + 35.5$ $= 58.5$ 式量
1 molの粒子の数と質量	が 6.02×10^{23}個 12g	が 6.02×10^{23}個 18g	が 6.02×10^{23}個 27g	が 6.02×10^{23}個 58.5g
モル質量	12 g/mol	18 g/mol	27 g/mol	58.5 g/mol

原子・分子・単体・イオン性化合物の4つを比べてみるとわかるように、構成単位の集団をまとまりとして考えるよ。

3　気体1 molの体積

　1 molの気体の体積は，**気体の種類に関係なく，0℃，1.013×10⁵ Pa（標準状態）で22.4 L**になるよ。つまり，水素でも酸素でも標準状態であれば1 molは，22.4 Lの体積を占めるんだ。

　例えば，水素1 molの気体の体積は，標準状態では22.4 Lになる。

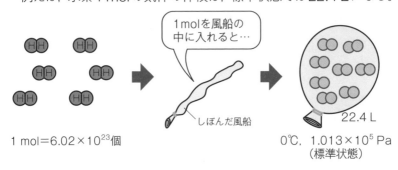

1 mol＝6.02×10²³個

0℃，1.013×10⁵ Pa
（標準状態）

6.02×10²³個の水素分子を風船に入れると，
標準状態では，22.4 Lになるんだね。

　物質量と標準状態での気体の体積については，次の関係式が成り立つ。

> **モル公式③**
>
> $$物質量〔mol〕＝\frac{標準状態での気体の体積〔L〕}{22.4〔L/mol〕}$$

　つまり，気体の体積は種類に関係なく，1 molでは22.4 L，2 molでは44.8 L…ということだ。ただ，これはあくまでも「標準状態」というのが条件だ。気体の体積は，温度や圧力によっても変化する。「化学基礎」の範囲では，気体の体積を標準状態以外で求めることはほとんどないけど，一応知っておいてね。

4 物質量のまとめ

ここまで学んできたことをまとめると，1 molは，粒子の数，物質の質量，標準状態での気体の体積で表すことができるよ。

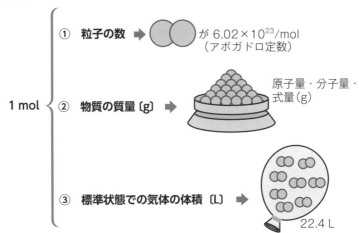

① 粒子の数 ➡ が 6.02×10^{23}/mol（アボガドロ定数）

1 mol

② 物質の質量〔g〕 ➡ 原子量・分子量・式量（g）

③ 標準状態での気体の体積〔L〕 ➡ 22.4 L

ここまで学んできたことを使うと，**物質量〔mol〕から「粒子の数」，「物質の質量〔g〕」，「標準状態での気体の体積〔L〕」** が求められるんだ。以下，この関係を表す3つのモル公式をまとめたので，必ず覚えておこう。

POINT **モル公式**

① 物質量〔mol〕＝ $\dfrac{\text{粒子の数}}{\text{アボガドロ定数〔/mol〕}}$

② 物質量〔mol〕＝ $\dfrac{\text{物質の質量〔g〕}}{\text{モル質量〔g/mol〕}}$

③ 物質量〔mol〕＝ $\dfrac{\text{標準状態での気体の体積〔L〕}}{22.4〔\text{L/mol}〕}$

では，物質量に関する問題を解いてみよう。

例題　原子量を H＝1.0，C＝12，O＝16，アボガドロ定数を 6.0×10^{23}/mol として，次の各問いに答えよ。

問1　メタン CH_4 3.2 g の物質量は何 mol か。また，標準状態での気体の体積は何 L か。

問2　二酸化炭素 CO_2 0.15 mol に含まれる CO_2 分子の数は何個か。

問3　0℃，1.013×10^5 Pa のアンモニア NH_3 22.4 L に含まれる水素原子の数は何個か。

問1　まず，メタンの分子量を求めよう。

メタンの分子量＝12＋1.0×4＝16

だね。ということは，メタンのモル質量は16 g/mol となる。

物質の質量はわかっているので，**モル公式②**を使うと物質量が求められるね。

$$\text{物質量}〔mol〕＝\frac{\text{物質の質量}〔g〕}{\text{モル質量}〔g/mol〕}＝\frac{3.2}{16}＝\textbf{0.20}〔mol〕$$

物質量がわかったので，標準状態での気体の体積も，**モル公式③**から求められるよ。

$$\text{物質量}〔mol〕＝\frac{\text{標準状態での気体の体積}〔L〕}{22.4〔L/mol〕}$$

求める気体の体積を x〔L〕として，式に代入すると

$$0.20＝\frac{x}{22.4}$$

$$x＝4.48$$

$$≒\textbf{4.5}〔L〕\text{（有効数字）}$$

問2 問題文より，二酸化炭素の物質量は 0.15 mol だね。粒子の数を求めるには，**モル公式①**を使うよ。

$$物質量〔mol〕＝\frac{粒子の数}{アボガドロ定数〔/mol〕}$$

求める粒子の数を y〔個〕として，式に代入すると

$$0.15＝\frac{y}{6.0×10^{23}}$$

$$y＝0.90×10^{23}＝\mathbf{9.0×10^{22}}〔個〕$$

モル公式①，②，③を使えば，物質量，粒子の数，物質の質量，標準状態での気体の体積がわかるね。

問3 標準状態の気体 1 mol の体積は 22.4 L だったよね。ということは，このアンモニア NH_3 の物質量は 1 mol だ。NH_3 1 分子中に，H 原子は 3 個含まれているので，<u>NH_3 1 mol 中に，H 原子は 3 mol 含まれる</u>。

よって，H 原子の数は $\quad 3×\underset{アボガドロ定数}{\underline{6.0×10^{23}}}＝18×10^{23}$

$$＝1.8×10^{24}個$$

 問1 物質量…**0.20 mol**

標準状態での気体の体積…**4.5 L**

問2 **9.0×10²²個**

問3 **1.8×10²⁴個**

THEME

3 溶液の濃度

ここで
きめる！

- 質量パーセント濃度を計算できるようにしよう。
- モル濃度を計算できるようにしよう。
- 濃度変換ができるようにしよう。

　溶液の濃度には，質量パーセント濃度とモル濃度の2種類の表し方がある。ここも，苦手とする受験生が多い項目なので，例題を解きながら，わかりやすく説明していくから頑張ろうね。

1 質量パーセント濃度（単位：%）

　砂糖を水に加えてかき混ぜると，均一な液体となる。この現象を**溶解**といったね。溶解で生じた均一な液体を**溶液**といい，溶解した砂糖を**溶質**，溶質を溶かした液体を**溶媒**という。溶媒が水の場合は，**水溶液**というよ。

　溶液全体の質量に対する，溶質の質量の割合を表すものが，**質量パーセント濃度（単位：%）**だ。下の公式を覚えよう。

質量パーセント濃度

$$質量パーセント濃度〔\%〕＝\frac{溶質の質量〔g〕}{溶液の質量〔g〕}×100〔\%〕$$

└──▶溶質の質量＋溶媒の質量

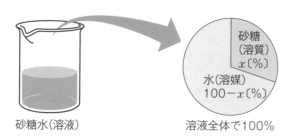

砂糖水（溶液）　　　　　　　　　溶液全体で100%

（図中）砂糖（溶質）x〔%〕／水（溶媒）100−x〔%〕

溶質の質量を，溶液全体の質量で
割ることに注意してね！

では，実際に計算してみよう。

例題 水100 gに塩化ナトリウム NaClを 25 g溶かした。この
水溶液の質量パーセント濃度は何％か。

質量パーセント濃度の式に代入すればいいね。

溶液の質量は溶質の質量＋溶媒の質量だったね。

$$\text{質量パーセント濃度〔\%〕} = \frac{\text{溶質の質量〔g〕}}{\text{溶液の質量〔g〕}} \times 100 \text{〔\%〕}$$

$$= \frac{25}{100 + 25} \times 100 = \mathbf{20}\text{〔\%〕} \quad \text{答}$$

例題 30 gのグルコース $C_6H_{12}O_6$ を溶かして15％の水溶液を作
りたい。このとき，必要な水の質量は何 gか。

まず，水溶液全体の質量を x〔g〕として，質量パーセント濃度の
式に代入すると

$$15 = \frac{30}{x} \times 100$$

$$15x = 30 \times 100$$

$$x = 200 \text{〔g〕}$$

水溶液200 gのうち，グルコースは 30 gであるので，必要な水
の質量は

$$200 - 30 = \mathbf{170}\text{〔g〕} \quad \text{答}$$

2 モル濃度（単位：mol/L）

溶液1L中に含まれる溶質の物質量(mol)を表すものが，**モル濃度(mol/L)** だ。

> **モル濃度**
>
> $$\text{モル濃度}〔mol/L〕=\frac{\text{溶質の物質量}〔mol〕}{\text{溶液の体積}〔L〕}$$

考え方としては，質量パーセント濃度〔%〕と同じだよ。

さあ，実際に計算してみよう。

 例題 水酸化ナトリウム NaOH 4.0 g を水に溶かして200 mLの水溶液とした。この水溶液のモル濃度は何mol/Lか。ただし，NaOHの式量を40とする。

NaOHの式量は40だから，モル質量は40 g/molだね。NaOHの物質量は

$$\frac{4.0}{40}=0.10〔mol〕$$

また，溶液の体積は <u>200 mL＝0.20 L</u> だから，モル濃度の式に代入すると

単位をmLからLに直す

$$\text{モル濃度}〔mol/L〕=\frac{\text{溶質の物質量}〔mol〕}{\text{溶液の体積}〔L〕}$$
$$=\frac{0.10}{0.20}=\textbf{0.50}〔mol/L〕 \quad 答$$

3 濃度変換

次は，質量パーセント濃度からモル濃度に換算する問題をやってみよう。質量パーセント濃度とモル濃度がそれぞれ理解できていたら，難しくないよ。合言葉は「**溶液の体積を1Lとして考える**」だ。

 例題　8.0％の水酸化ナトリウム NaOH 水溶液の密度は 1.1 g/cm³ である。この水溶液のモル濃度は何 mol/L か。ただし，NaOH の式量を40とする。

モル濃度は「溶液1L中に含まれる溶質の物質量」だから，**溶液1Lについて考える**よ。

$1 L = 1000 mL = 1000 cm^3$ だから，この水溶液1Lの質量は

> 単位をLからcm³に直す

$$1000 \ cm^3 \times 1.1 \ g/cm^3 = 1100 \ g$$

> 密度$(g/cm^3) = \dfrac{質量(g)}{体積(cm^3)}$

このうち，8.0％が NaOH（溶質）なので，NaOH の質量は

$$1100 \ g \times \frac{8.0\%}{100\%} = 88 \ g$$ ← 質量パーセント濃度の式を変形して求める

NaOH の式量は40だから，モル質量は40 g/mol だね。NaOH の物質量は

$$\frac{88 \ g}{40 \ g/mol} = 2.2 \ (mol)$$

溶液1Lについて考えているので，モル濃度は

$$\frac{2.2 \ mol}{1 \ L} = \textbf{2.2 mol/L}$$

> モル濃度$(mol/L) = \dfrac{溶質の物質量(mol)}{溶液の体積(L)}$

 濃度の問題は，似たようなパターンで出題されることが多いよ！

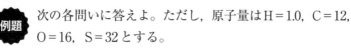

次の各問いに答えよ。ただし，原子量はH＝1.0，C＝12，O＝16，S＝32とする。

問1 グルコース$C_6H_{12}O_6$ 9.0 gを水に溶かして200 mLとした。この水溶液のモル濃度は何mol/Lか。最も適当な数値を，次の①〜⑤より1つ選べ。

① 0.050　② 0.10　③ 0.15　④ 0.20　⑤ 0.25

問2 0.10 mol/Lのグルコース$C_6H_{12}O_6$水溶液200 mLに含まれるグルコースは何gか。最も適当な数値を，次の①〜⑤より1つ選べ。

① 0.10　② 3.6　③ 5.0　④ 9.0　⑤ 18

問3 (1) 濃度98％の濃硫酸H_2SO_4がある。この濃硫酸のモル濃度は何mol/Lか。ただし，濃硫酸の密度は1.8 g/mLとする。最も適当な数値を，次の①〜⑤より1つ選べ。

① 9.0　② 12　③ 18　④ 36　⑤ 98

(2) 0.36 mol/Lの濃硫酸を200 mL作るには，(1)の濃硫酸が何mL必要か。最も適当な数値を，次の①〜⑤より1つ選べ。

① 1.0　② 2.0　③ 3.0　④ 4.0　⑤ 5.0

問4 質量パーセント濃度がc〔％〕の過酸化水素水（H_2O_2の水溶液）の密度をd〔g/cm^3〕とするとき，この水溶液のモル濃度〔mol/L〕を表す式として正しいものはどれか。最も適当なものを，次の①〜⑥より1つ選べ。

① $\dfrac{0.1c}{34d}$　② $\dfrac{10c}{34d}$　③ $\dfrac{100c}{34d}$

④ $\dfrac{0.1cd}{34}$　⑤ $\dfrac{10cd}{34}$　⑥ $\dfrac{100cd}{34}$

問1 グルコース$C_6H_{12}O_6$の分子量＝$12×6＋1.0×12＋16×6$
$$＝180$$

よって，グルコースのモル質量は180 g/molだね。モル公式②より，グルコースの物質量は

$$\frac{9.0}{180}=0.050〔mol〕$$

また，溶液の体積は 200 mL ＝ 0.20 L だから，この水溶液のモル濃度は

$$\frac{0.050}{0.20}=\boldsymbol{0.25}\textbf{〔mol/L〕}$$

問2 溶液の体積 200 mL ＝ 0.20 L より，モル濃度 0.10 mol/L の水溶液中に含まれるグルコースの物質量は

$$0.10\ \text{mol/L} \times 0.20\ \text{L} = 0.020〔mol〕$$ モル濃度の式を変形して求める

グルコースのモル質量は 180 g/mol なので，0.020 mol のグルコースの質量は

$$0.020\ \text{mol} \times 180\ \text{g/mol} = \boldsymbol{3.6}\textbf{〔g〕}$$ モル公式②を変形して求める

 まず，物質量を求めてから，質量を計算するよ。

問3 (1) 質量パーセント濃度からモル濃度に換算する問題だよ。**溶液の体積は 1 L で考える**んだったよね。

1 L ＝ 1000 mL だから，この溶液 1 L の質量は

$$1000\ \text{mL} \times 1.8\ \text{g/mL} = 1800〔g〕$$

 1 L の質量を求めるために，まず単位を換算してから，密度 1.8 g/mL を使うよ。

濃度 98 ％ の濃硫酸ということは，溶液の質量 1800 g のうち，98 ％ が溶質の H_2SO_4 ということなので，H_2SO_4 の質量は

$$1800\ \text{g} \times \frac{98\%}{100\%} = 1764〔g〕$$ 質量パーセント濃度の式を変形して求める

ここで，H_2SO_4 の分子量 ＝ $1.0 \times 2 + 32 + 16 \times 4 = 98$ より，モル質量は 98 g/mol だから，H_2SO_4 の物質量は

$$\frac{1764\ \text{g}}{98\ \text{g/mol}} = 18〔mol〕$$ モル公式②より

溶液1Lについて考えているので，求めるモル濃度は
18 mol/L

(2) 必要な濃硫酸をx[mL]として考えるよ。(1)の濃硫酸の
モル濃度は18 mol/Lだ。この18 mol/Lから濃度を
0.36 mol/Lに下げるということは，水で薄めて濃度を低
くするということだね。

18 mol/L，x[mL]　　　　　　0.36 mol/L，200 mL

このとき，溶液を水で薄めただけなので，溶質である
H_2SO_4の物質量に変化はないよね。

つまり，次の関係が成り立つ。

18 mol/L，x[mL]中のH_2SO_4の物質量
　　　＝0.36 mol/L，200 mL中のH_2SO_4の物質量

ここで，モル濃度の式を下のように変形するよ。

> 溶質の物質量〔mol〕＝モル濃度〔mol/L〕×溶液の体積〔L〕

ここで溶質H_2SO_4の物質量が同じだから

単位をmLからLに
するため1000で割る

$$18 \times \frac{x}{1000} = 0.36 \times \frac{200}{1000}$$

モル濃度〔mol/L〕　溶液の体積〔L〕　　モル濃度〔mol/L〕　溶液の体積〔L〕

$$18x = 72$$
$$x = 4.0 \text{〔mL〕}$$

希釈する前後で溶質の物質量は
変化しないところがポイントだよ。

問4 濃度換算の問題だね。濃度や密度などが数字じゃなく文字でおいてあるパターンだ。難しそうだけど，解き方は同じだ。

溶液の体積は1Lで考えるんですね。慣れてきました！

問題文より，過酸化水素水 H_2O_2 の密度は d〔g/cm³〕だ。
1 L＝1000 mL＝1000 cm³ より，この溶液1Lの質量は
$$1000\,cm^3 \times d\,〔g/cm^3〕 = 1000d\,〔g〕$$

過酸化水素水の質量パーセント濃度が c〔％〕ということは，質量 $1000d$〔g〕の過酸化水素水のうち c〔％〕が溶質 H_2O_2ということなので，H_2O_2 の質量は

$$1000d\,〔g〕 \times \frac{c\,〔\%〕}{100\%} = 10cd\,〔g〕$$

質量パーセント濃度の式を変形して求める

H_2O_2 の分子量＝34 より，モル質量は34 g/molだから，H_2O_2 の物質量は

$$\frac{10cd\,〔g〕}{34\,g/mol} = \frac{10cd}{34}\,〔mol〕$$

 モル公式②より

溶液1Lについて考えているので，求めるモル濃度は

$$\frac{10cd}{34}\,〔mol/L〕$$

答 **問1** ⑤ **問2** ②
問3 (1) ③ (2) ④
問4 ⑤

COLUMN **単位計算**

問題を読んで，いきなり計算を始める前に，単位mol/Lに着目してほしい。この単位中の「/」が表す意味は「割る〔÷〕」だ。つまり，「〔mol〕÷〔L〕を計算せよ」ということだね。

計算問題でどのような式を立てればよいかわからなくても，単位をヒントに式を考えて計算することができることがあるよ。

THEME

4 化学反応式とその量的関係

ここで
きめる！

🔖 化学反応式を作れるようにしよう。

🔖 化学反応式を用いて量計算ができるようにしよう。

物質の化学変化または化学反応を，化学式を用いて表した式を，**化学反応式**という。化学反応式から，物質の反応量や生成量が計算できるよ。まずは，化学反応式が書けるようになろう。

1 化学反応式の作り方

化学反応式は，次の3つの手順で作ることができる。まずはこの方法を覚えて，化学反応式を作れるようになろう。

ステップ① 左辺に反応する物質（反応物），右辺に生成する物質（生成物）の化学式を書き，それぞれの化学式は＋で，両辺は ⟶ で結ぶ。

ステップ② 左辺と右辺で，それぞれの原子の数が等しくなるように，化学式に係数をつける。

ステップ③ 係数を最も簡単な整数比にして，係数が1のときは省略する。

ステップ①，②，③を読んだら，具体例を確認していこう！

では，水素 H_2 が空気中で燃焼して酸素 O_2 と反応し，水 H_2O を生成する反応を例にして，説明するよ。

ステップ① 化学式を＋で，両辺を→で結ぶ。

H_2とO_2を足して，H_2Oと矢印でつなぐよ。

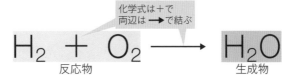

化学式は＋で
両辺は→で結ぶ

$$H_2 \ + \ O_2 \longrightarrow H_2O$$

反応物　　　　　　　　　　　　　　　　生成物

ステップ② 左辺と右辺で原子の数が等しくなるように係数をつける。

左辺のOと右辺のOの数，左辺のHと右辺のHの数が等しくなるようにするよ。Oに注目すると，左辺は2つ，右辺は1つだ。よって，右辺のH_2Oの係数を2にする。次に，Hに注目すると，左辺は2つ，右辺はH_2Oの係数が2となったことより4つとなるので，左辺のH_2の係数を2にする。

ステップ③ 係数1を省略すると，完成だ。

それぞれの原子の数が等しく
なるように係数をつける

$$2H_2 \ + \ \cancel{1}O_2 \longrightarrow 2H_2O$$

係数1は省略

化学反応式では，化学反応の前後で
変化しない物質や溶媒は書かないよ。

2　有機化合物の完全燃焼の化学反応式の作り方

化学反応式を利用した計算問題で，共通テストに最もよく出題されるのが，**有機化合物*の完全燃焼反応（酸素O_2との反応）**だ。この化学反応式は，ちょっとしたコツを押さえれば簡単だよ。

＊炭素Cを構成元素とする化合物のこと（ただし，CO，CO_2，炭酸塩などは除く）。分子式$C_xH_yO_z$（$z=0$の場合もある）の化合物と考えればよい。

有機化合物は完全燃焼すると，**必ず二酸化炭素 CO_2 と水 H_2O になる**。これを利用して，式を作っていくよ。

では，分子式 C_3H_8O の有機化合物の完全燃焼の化学反応式を例に，作り方を覚えよう。

ステップ❶ 左辺に反応物，右辺に生成物の化学式を書き，それぞれの化学式は＋で，両辺は→で結ぶ。

この場合は，反応物である C_3H_8O と O_2 を左辺に，生成物である CO_2 と H_2O を右辺に書くよ。

$$C_3H_8O + O_2$$
反応物

有機化合物の完全燃焼では，
CO_2 と H_2O ができる

$$\longrightarrow CO_2 + H_2O$$
生成物

ステップ❷ 左辺と右辺で，それぞれの原子の数が等しくなるように，化学式に係数をつける。

有機化合物の完全燃焼の化学反応式の場合は，係数のつけ方にコツがある。

まずは，左辺の炭素原子数と同じ数を右辺の CO_2 の係数に，左辺の水素原子数の $\frac{1}{2}$ を右辺の H_2O の係数にする。この場合は，CO_2 の係数が3，H_2O の係数が4になるね。

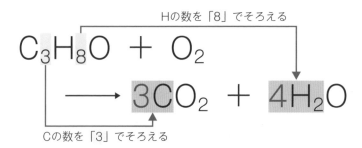

Hの数を「8」でそろえる

$$C_3H_8O + O_2$$

$$\longrightarrow 3CO_2 + 4H_2O$$

Cの数を「3」でそろえる

次に，両辺の酸素原子数が等しくなるように，O_2の係数をつける。
この場合は，右辺の酸素原子数が「10」だから，左辺も同じにするには，O_2の係数は$\frac{9}{2}$になるよ。

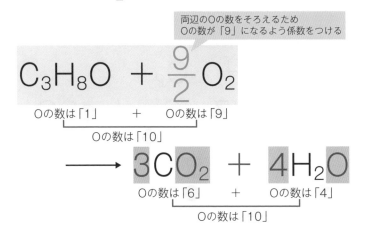

両辺のOの数をそろえるため
Oの数が「9」になるよう係数をつける

$$C_3H_8O \ + \ \frac{9}{2}O_2$$

Oの数は「1」　　+　　Oの数は「9」

Oの数は「10」

$$\longrightarrow \ 3CO_2 \ + \ 4H_2O$$

Oの数は「6」　　+　　Oの数は「4」

Oの数は「10」

ステップ 3 係数を最も簡単な整数比にして，係数が1のときは省略する。

係数から分数をなくすため，両辺に2を掛けて分母をはらえば完成だ。

$$2C_3H_8O \ + \ 9O_2$$
$$\longrightarrow \ 6CO_2 \ + \ 8H_2O$$

手順に沿ってひとつひとつ進めていこう！

3　未定係数法

　比較的簡単な化学反応式は，左辺と右辺を比較して係数をつける方法で作ることができる。複雑な化学反応式の係数をつける方法として，**未定係数法**というものがある。次の化学反応式を見てほしい。空白の部分に入る係数を未定係数法で求めてみよう。

$$□FeS_2 + □O_2$$
$$\longrightarrow □Fe_2O_3 + □SO_2$$

未定係数法……。数学みたいですね。

そうだね。数学のように文字を使うんだ。

ステップ ❶ 各係数を a, b, c, d のように文字でおく。

$$a\,FeS_2 + b\,O_2$$
$$\longrightarrow c\,Fe_2O_3 + d\,SO_2$$

ステップ ❷ 各原子の数が，両辺で等しいことを表す方程式を立てる。

Fe原子について　$\underset{左辺}{a} = \underset{右辺}{2c}$　　　……(ⅰ)

S 原子について　$\underset{左辺}{2a} = \underset{右辺}{d}$　　　……(ⅱ)

O 原子について　$\underset{左辺}{2b} = \underset{右辺}{3c + 2d}$　……(ⅲ)

ステップ ③ $a=1$ **として，b，c，d の値を求める。**

$a=1$ として，それぞれの式に代入すると

（ⅰ）より　$1=2c$

よって　$c=\dfrac{1}{2}$　……（ⅳ）

（ⅱ）より　$2\times1=d$

よって　$d=2$　……（ⅴ）

（ⅲ），（ⅳ），（ⅴ）より　$2b=3\times\dfrac{1}{2}+2\times2$

$$2b=\dfrac{11}{2}$$

$$b=\dfrac{11}{4}$$

ステップ ④ **反応式に a，b，c，d の値を入れる。係数は最も簡単な整数比になるので，分数がある場合は分母をはらう。**

省略

$$\underset{a}{1}\text{FeS}_2 \;+\; \underset{b}{\dfrac{11}{4}}\text{O}_2$$

両辺×4

$$\longrightarrow \underset{c}{\dfrac{1}{2}}\text{Fe}_2\text{O}_3 \;+\; \underset{d}{2}\text{SO}_2$$

$$4\text{FeS}_2 \;+\; 11\text{O}_2$$

$$\longrightarrow 2\text{Fe}_2\text{O}_3 \;+\; 8\text{SO}_2$$

　この方法は計算に時間がかかるので，頻出の「有機化合物の完全燃焼反応式」に関しては，p.133で説明したコツを使って手際よく完成させよう。

化学反応式の係数ってどんな意味か知ってる?

えっ?　左辺と右辺の原子数が等しくなるように
つけるものってくらいしか……。

ちょっと惜しいかな。化学反応式の係数はズバリ
反応する分子の数を表しているんだ。

反応する分子数?

　うん。例えば，$2H_2 + O_2 \rightarrow 2H_2O$ の場合，"2分子の水素は1分子の酸素と反応して，水が2分子生じる"って解釈できるよね。

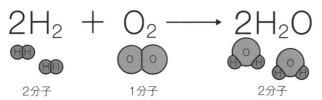

そうか!　じゃあ"係数の比＝反応する分子の数の比"になります!

　その通り!　**数の比＝物質量の比**なので，**化学反応式の係数比＝反応する物質量比**が成り立つんだ。化学反応式からは，化学反応における物質量，質量，体積などの関係を知ることができるよ。
　例として，メタンと酸素の化学反応式を用いて，量的な関係を見ていこう。メタンの完全燃焼式は次のように書ける。

$$\underset{\text{メタン}}{CH_4} + \underset{\text{酸素}}{2O_2} \longrightarrow \underset{\text{二酸化炭素}}{CO_2} + \underset{\text{水}}{2H_2O}$$

　分子数で考えると，メタン1分子と酸素2分子から，二酸化炭素1分子と水2分子ができるよね。

物質量で考えると，メタン1 molと酸素2 molから，二酸化炭素1 molと水2 molができる。

　標準状態での気体の体積で考えると，メタン22.4 Lと酸素44.8 Lから，二酸化炭素22.4 Lができるね。

　分子数，物質量，気体の体積の比は

　　メタン：酸素：二酸化炭素：水＝1：2：1：2

が成り立ち，**化学反応式の係数比の関係と一致している**ね。

　しかし，質量をみてみると，メタン16 gと酸素64 gから二酸化炭素44 gと水36 gができ，その比は1：2：1：2ではない。このことから，**質量の関係においては，化学反応式の係数比があてはまらない**ことがわかる。

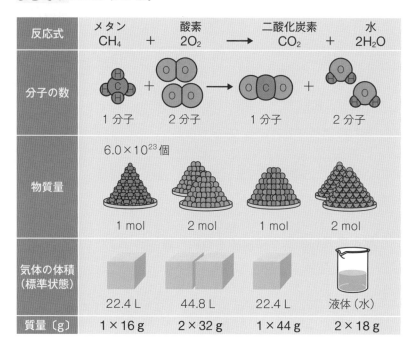

反応式	メタン CH$_4$	＋	酸素 2O$_2$	⟶	二酸化炭素 CO$_2$	＋	水 2H$_2$O
分子の数	1分子		2分子		1分子		2分子
物質量	6.0×10^{23}個 1 mol		2 mol		1 mol		2 mol
気体の体積 （標準状態）	22.4 L		44.8 L		22.4 L		液体（水）
質量〔g〕	1×16 g		2×32 g		1×44 g		2×18 g

質量については，質量保存の法則が成り立っていて，反応前後で質量の総和は変化しないんだ。
反応前のメタンと酸素の質量の合計は80 g，
反応後の二酸化炭素と水の質量の総和も80 gだね。

このような，分子数，物質量，気体の体積の関係を使って，化学反応式を用いた計算問題を解いてみよう。

 例題　45 gのグルコース$C_6H_{12}O_6$を完全燃焼させると，二酸化炭素と水がそれぞれ何gずつ生じるか。また，燃焼に必要な酸素の体積は標準状態で何Lか。ただし，原子量を$H = 1.0$，$C = 12$，$O = 16$とする。

有機化合物の完全燃焼の問題だね。まずは化学反応式を作るよ。

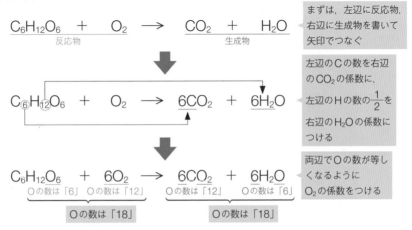

$$C_6H_{12}O_6 \quad + \quad O_2 \quad \longrightarrow \quad CO_2 \quad + \quad H_2O$$
反応物　　　　　　　　　　　　　　　　　　生成物

まずは，左辺に反応物，右辺に生成物を書いて矢印でつなぐ

$$C_6H_{12}O_6 \quad + \quad O_2 \quad \longrightarrow \quad 6CO_2 \quad + \quad 6H_2O$$

左辺のCの数を右辺のCO₂の係数に，左辺のHの数の$\frac{1}{2}$を右辺のH₂Oの係数につける

$$C_6H_{12}O_6 \quad + \quad 6O_2 \quad \longrightarrow \quad 6CO_2 \quad + \quad 6H_2O$$
Oの数は「6」　Oの数は「12」　　　Oの数は「12」　Oの数は「6」

両辺でOの数が等しくなるようにO_2の係数をつける

　　　Oの数は「18」　　　　　　　　Oの数は「18」

係数が整数なので，化学反応式はこれで完成！

化学反応式の係数比は反応する物質量〔mol〕比だったね。

$$\frac{C_6H_{12}O_6}{1} \quad : \quad \frac{6O_2}{6} \quad \longrightarrow \quad \frac{6CO_2}{6} \quad : \quad \frac{6H_2O}{6}$$

グルコース$C_6H_{12}O_6$の燃焼にはO_2が6 mo〔要となり，それによっCO_2とH_2Oが6 mol〔できるという意味

グルコースの分子量$= 12 \times 6 + 1.0 \times 12 + 16 \times 6$
　　　　　　　　$= 180$

よって，45 gのグルコースの物質量は

$$\frac{45}{180} = 0.25 〔mol〕$$

化学反応式より，グルコース$C_6H_{12}O_6$と二酸化炭素CO_2の物質量比は$1：6$だから，生じるCO_2の物質量は

$0.25 \text{ mol} \times 6 = 1.5 〔\text{mol}〕$

CO_2の分子量$= 12 + 16 \times 2 = 44$より，モル質量は44 g/molなので**モル公式②**を変形させて

CO_2の質量$= 1.5 \text{ mol} \times 44 \text{ g/mol}$

$= \textbf{66} 〔\textbf{g}〕$

同様に考えて，生じる水H_2Oの物質量は1.5 mol

物質の質量〔g〕
$=$物質量〔mol〕×モル質量〔g/mol〕

H_2Oの分子量
$= 1.0 \times 2 + 16 = 18$
より，モル質量は18 g/molなので

H_2Oの質量$= 1.5 \text{ mol} \times 18 \text{ g/mol}$

$= \textbf{27} 〔\textbf{g}〕$

燃焼に必要な酸素O_2の物質量も，同様に考えると1.5 molだね。標準状態でのO_2の体積は，**モル公式③**を変形させて

O_2の体積$= 1.5 \text{ mol} \times 22.4 \text{ L/mol} = 33.6 ≒ \textbf{34} 〔\textbf{L}〕$

標準状態での気体の体積〔L〕＝物質量〔mol〕×22.4〔L/mol〕

分子数，物質量，標準状態での気体の体積は，化学反応式の係数と比例する（質量は比例しない）。p.139の表を確認しながら，化学変化の量的関係を頭に入れよう。

例題で慣れたところで，対策問題と実際の過去問を見てみよう。

過去問 にチャレンジ

一酸化炭素COとエタンC_2H_6の混合気体を，触媒の存在下で十分な量の酸素を用いて完全に燃焼させたところ，二酸化炭素 0.045 mol と水 0.030 mol が生成した。反応前の混合気体中の一酸化炭素とエタンの物質量(mol)の組み合わせとして正しいものを，次の①〜⑥のうちから1つ選べ。

	一酸化炭素の物質量(mol)	エタンの物質量(mol)
①	0.030	0.015
②	0.030	0.010
③	0.025	0.015
④	0.025	0.010
⑤	0.015	0.015
⑥	0.015	0.010

(2002年度センター本試験)

混合気体の場合は，それぞれの気体について化学反応式を考える必要がある。まずは，CO，C_2H_6それぞれを燃焼させたときの化学反応式を書こう。

〈COを燃焼させたときの化学反応式〉

両辺×2
$$CO + \frac{1}{2}O_2 \longrightarrow CO_2$$
反応物　　　　　生成物

COはH原子をもたないので，H_2Oは生じない！

$$\underset{1}{2CO} + O_2 \longrightarrow \underset{1}{2CO_2} \quad \cdots\cdots①$$

〈C_2H_6を燃焼させたときの化学反応式〉

両辺×2
$$C_2H_6 + \frac{7}{2}O_2 \longrightarrow 2CO_2 + 3H_2O$$
反応物　　　　　　　　生成物

$$\underset{1}{2C_2H_6} + 7O_2 \longrightarrow \underset{2}{4CO_2} + \underset{3}{6H_2O} \quad \cdots\cdots②$$

今回は，CO と C_2H_6 の物質量〔mol〕を求めたいので，CO を x〔mol〕，C_2H_6 を y〔mol〕とする。

　①式より，x〔mol〕の CO の燃焼によって，CO_2 は x〔mol〕生じる。

係数比 1 : 1

　②式より，y〔mol〕の C_2H_6 の燃焼によって，CO_2 は $2y$〔mol〕，H_2O は $3y$〔mol〕生じる。

係数比 1 : 2

係数比 1 : 3

　また，問題文より CO_2 の生成量は，0.045 mol なので

$$x + 2y = 0.045 \quad \cdots\cdots ③$$

H_2O の生成量は 0.030 mol なので

$$3y = 0.030$$
$$y = 0.010 \quad \cdots\cdots ④$$

③式に④式を代入して

$$x + 2 \times 0.010 = 0.045$$
$$x + 0.020 = 0.045$$
$$x = 0.025$$

よって，CO の物質量：**0.025 mol**

　　　　C_2H_6 の物質量：**0.010 mol**

答え ④

過去問にチャレンジ

　マグネシウムは，次の化学反応式にしたがって酸素と反応し，酸化マグネシウム MgO を生成する。

$$2Mg \ + \ O_2 \ \longrightarrow \ 2MgO$$

　マグネシウム 2.4 g と体積 V〔L〕の酸素とを反応させたとき，質量 m〔g〕の酸化マグネシウムが生じた。V と m の関係を示すグラフとして最も適当なものを，次の①〜⑥のうちから1つ選べ。ただし，酸素の体積は標準状態における体積とし，原子量は O＝16，Mg＝24 とする。

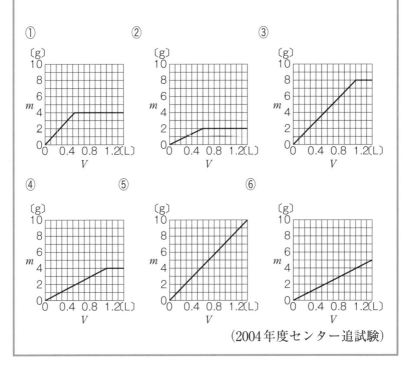

（2004年度センター追試験）

グラフの問題，苦手なんですよね……。

グラフの問題には，見るべきポイントがあるよ。

この手の問題は，グラフの中の**ある1点だけを考える**ことで答えが1つに決まることが多いんだ。この問題で注目するポイントは，**グラフが折れ曲がる点**だ。

ココ！

この点は，**反応物が過不足なく反応するとき**を示している。つまり，マグネシウム2.4gと酸素 V〔L〕が，すべて反応し終わる点ということだ。そのあとのグラフが平らなのは，反応が終わったので，生成物の酸化マグネシウムがこれ以上増えない，ということを意味している。

　ここで，化学反応式の係数比を見てみよう。

$$\underset{2}{2Mg} + \underset{1}{O_2} \longrightarrow \underset{2}{2MgO}$$
$$: : $$

反応前のMgの物質量は $\dfrac{2.4\,g}{24\,g/mol} = 0.10\,mol$ だね。これと過不足なく反応する O_2 の物質量を x〔mol〕とすると，Mgとの係数比より

$$x = 0.10〔mol〕\times \frac{1}{2} = 0.050〔mol〕$$

標準状態での0.050 molの O_2 の体積は

$$0.050〔mol〕\times 22.4〔L/mol〕= 1.12〔L〕$$

グラフが折れ曲がる点
の横軸の値！

また，過不足なく反応したときに生じるMgOの物質量は，Mg
との係数比より0.10 molだね。

MgOの式量＝24＋16＝40より，生じるMgOの質量は

$$0.10〔mol〕× 40〔g/mol〕＝4.0〔g〕$$

グラフが折れ曲がる点
の縦軸の値！

以上より，正しいグラフは右のようになる。

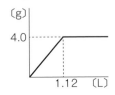

これにあてはまるのは④

答え ④

SECTION

酸・塩基

THEME

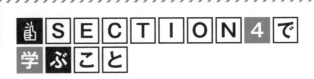

SECTION4で学ぶこと

 ここが問われる！ **中和の量的関係の計算は頻出！**

　酸と塩基が過不足なく反応する際の**量的関係を考える計算問題**は頻出！　価数に注意して正しく計算できるようになろう！　また，中和点の水溶液がいつも中性ではないことも非常に大事。

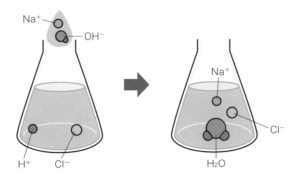

 ここが問われる！ **塩の分類とその液性の考え方は重要**

　塩の分類とその水溶液の液性は全く別の考え方になる。しっかり区別してそれぞれを正確に答えられるようにしてほしい。

　正塩……酸のH，塩基のOHが残っていない塩。
　酸性塩……酸のHが残っている塩。
　塩基性塩……塩基のOHが残っている塩。

ここが
問われる
！

中和滴定実験を応用した見慣れない
滴定実験が出題されることもある

　馴染みのない**滴定実験**が出題されても，中和滴定実験を応用して考えれば解答の糸口は見えてくる。まずは器具の扱い方，終点の考え方など基本的な実験操作の進め方をインプットすることが大事だよ。

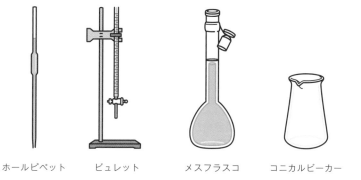

ホールピペット　　　ビュレット　　　メスフラスコ　　　コニカルビーカー

SECTION 4で学ぶ「酸と塩基」は化学基礎ではかなり大きな範囲をもつ単元。知識問題から計算問題まで出題は多岐に渡るが，点数を左右する重要単元だ！

SECTION

4

酸・塩基

THEME

1 酸・塩基の定義

ここで
きめる!

- 📖 2つの定義を知ろう。
- 📖 化学式，価数，強弱を覚えよう。

私たちの身のまわりには，酸や塩基を含むものが数多くある。

 例えば，酸は，レモンやりんごのような果物に含まれているし，塩基は，パイプ洗浄剤などに含まれている。

私たちの生活に密接に関わっているのですね。

 また，酸と塩基自身が起こす変化は，重要な化学反応のひとつでもある。このSECTIONでは，酸と塩基の性質がどのようなものか，また，酸と塩基がどのように反応するのか，学んでいこう。

1 | 酸と塩基

酸は「酸^すっぱい」，「金属を溶かす」，「青色リトマス紙を赤色に変色させる」という性質をもち，このような性質を**酸性**という。一方，**塩基**は「酸の性質を打ち消し」たり，「赤色リトマス紙を青色に変色させる」性質をもち，このような性質を**塩基性**という。

中学校で習いました！

今まで学習してきた中で登場した化学物質を酸と塩基に分けると，次の表のようになる。

酸	化学式	塩基	化学式
塩酸	HCl	水酸化ナトリウム	NaOH
硫酸	H_2SO_4	水酸化カルシウム	$Ca(OH)_2$
酢酸	CH_3COOH	アンモニア	NH_3

化学基礎では，イオンに着目して，酸と塩基を考えていくよ。まずは，酸と塩基の定義を見てみよう！

水によく溶ける塩基をアルカリという。

❶ アレニウスの定義

アレニウスは，水素イオンH^+と水酸化物イオンOH^-を使って酸と塩基を次のように定義した。

> ・酸とは，水溶液中で**水素イオンH^+を放出するもの**
> ・塩基とは，水溶液中で**水酸化物イオンOH^-を放出するもの**

アレニウスの定義によると，酸と塩基は次のように解釈することができる。

●**酸の例：塩化水素HCl水溶液（塩酸）**

塩化水素が水に溶けると，水素イオンH^+と塩化物イオンCl^-に電離する。塩化水素が，水溶液中で水素イオンH^+を放出しているのがわかるね。よって，塩化水素は酸だ。

水溶液中でH^+を放出しているから，HClは酸だね。

●塩基の例：水酸化ナトリウム NaOH 水溶液

水酸化ナトリウムが水に溶けると，ナトリウムイオン Na^+ と水酸化物イオン OH^- に電離する。水酸化ナトリウムが水溶液中で水酸化物イオン OH^- を放出しているのがわかるね。よって，水酸化ナトリウムは塩基だ。

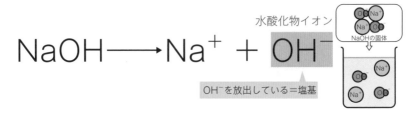

水酸化物イオン

$$NaOH \longrightarrow Na^+ + OH^-$$

OH^- を放出している＝塩基

水溶液中で OH^- を放出しているから，NaOH は塩基だね。

② ブレンステッド・ローリーの定義

水素イオンや水酸化物イオンに着目したアレニウスの定義は，あくまでも水溶液中で電離したイオンについての定義であり，固体や気体に関して説明をすることができなかった。そこで，ブレンステッドとローリーは，幅広い状況で用いることができる，新たな定義を提唱した。

ブレンステッドとローリーは，酸と塩基を次のように定義した。

・酸とは H^+ を与えるもの
・塩基とは H^+ を受け取るもの

ブレンステッド・ローリーの定義によると，酸と塩基は次のように解釈することができる。

●塩化水素HCl水溶液（塩酸）の場合

塩化水素と水の反応では，HClは**H^+をH_2Oに与えたので"酸"**，水H_2Oは**HClからH^+を受け取ったので"塩基"**だ。

$$\overset{\displaystyle H^+}{HCl} + H_2O \underset{}{\rightleftharpoons} H_3O^+ + Cl^-$$

酸　　塩基

H^+を与える　H^+を受け取る

ブレンステッド・ローリーの定義においては，**同じ物質でも，反応する相手によって酸にも塩基にもなりうる**よ。

●アンモニアNH_3水溶液の場合

アンモニアNH_3はH_2OからH^+を受け取り，H_2OはNH_3にH^+を与える。つまり，**NH_3は塩基，H_2Oは酸**だね。

$$\overset{\displaystyle H^+}{NH_3} + H_2O \rightleftharpoons NH_4{}^+ + OH^-$$

塩基　　酸

H^+を受け取る　H^+を与える

●酢酸CH_3COOH水溶液の場合

酢酸CH_3COOHは，水溶液中で電離し，H_2OにH^+を与え，H_2OはCH_3COOHからH^+を受け取る。つまり，**CH_3COOHは酸，H_2Oは塩基**だね。

$$\overset{\displaystyle H^+}{CH_3COOH} + H_2O$$

酸　　　　塩基

H^+を与える　　H^+を受け取る

$$\rightleftharpoons CH_3COO^- + H_3O^+$$

まとめると，ブレンステッド・ローリーの定義では，H_2O は反応する相手が NH_3 なら酸，CH_3COOH なら塩基になるということだ。

ブレンステッド・ローリーの定義は，水に溶けにくく電離しない化合物についても，定義することができるんだ。

酸はピッチャーで，塩基はキャッチャー，水素イオン H^+ をボールって感じですね！

うまい例えだね。酸が塩基に水素イオンを渡す，つまり，ピッチャーがキャッチャーにボールを投げることと同じだね。

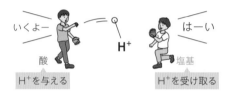

いくよー　H^+　はーい

酸　　　　　　　　　　　　　塩基

H^+ を与える　　　　　　H^+ を受け取る

酸と塩基は，H^+ の受け渡しをしていると考えよう。

では，酸と塩基の定義を確認しよう。

例題　次の反応ア，イの下線を付した分子やイオンのはたらきは「酸」または「塩基」のいずれか。

ア　$\underline{CO_3^{2-}}$ + H_2O $\rightleftarrows$ HCO_3^- + OH^-

イ　$\underline{HSO_4^-}$ + H_2O $\rightleftarrows$ SO_4^{2-} + H_3O^+

反応アの CO_3^{2-} は反応後に HCO_3^- となっているので**H_2O から H^+ を受け取った**ことになる。つまり，CO_3^{2-} のはたらきは「**塩基**」だね。ちなみに H_2O は H^+ を与えたので「**酸**」だよ。

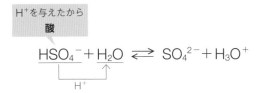

$$CO_3^{2-} + H_2O \rightleftharpoons HCO_3^- + OH^-$$

答 ア 塩基

反応イの HSO_4^- は反応後に SO_4^{2-} となっているので**H_2O に H^+ を与えた**ことになる。つまり，HSO_4^- のはたらきは「**酸**」だね。ちなみに H_2O は H^+ を受け取ったので「塩基」だよ。

H^+を与えたから
酸

$$HSO_4^- + H_2O \rightleftharpoons SO_4^{2-} + H_3O^+$$

答 イ 酸

POINT **酸と塩基の定義**

アレニウスの定義

　酸とは，水溶液中で水素イオン H^+ を放出するもの。

　塩基とは，水溶液中で水酸化物イオン OH^- を放出するもの。

ブレンステッド・ローリーの定義

　酸とは，H^+ を与えるもの。

　塩基とは，H^+ を受け取るもの。

2 **酸・塩基の価数**

　酸1分子の中で，電離して水素イオン H^+ になることのできるHの数を，その酸の**価数**という。Hの数が1個なら1価の酸，2個なら2価の酸，……というよ。

●塩化水素 HCl の場合

塩化水素は水溶液中で H^+ と Cl^- に電離する。H^+ が1個生じるので，HCl は1価の酸だ。

$$HCl \longrightarrow H^+ + Cl^-$$

H^+ になる H が1個

HCl は1価の酸

●硫酸 H_2SO_4 の場合

硫酸は水溶液中で2個の H^+ と $SO_4{}^{2-}$ に電離する。H^+ が2個生じるので，H_2SO_4 は2価の酸だ。

$$H_2SO_4 \longrightarrow 2H^+ + SO_4{}^{2-}$$

H^+ になる H が2個

H_2SO_4 は2価の酸

酸と塩基を学ぶ上で押さえるポイントは，
「化学式」，「価数」，「酸・塩基の強弱」の3つだよ。
しっかり学習していこう。

また，**塩基1単位の中で，電離して水酸化物イオン OH^- になることのできる OH の数**を，その塩基の**価数**という。OH の数が1個なら1価の塩基，2個なら2価の塩基，……というよ。

●水酸化ナトリウム NaOH の場合

水酸化ナトリウムは水溶液中で Na^+ と OH^- に電離する。OH^- が1個生じるので，NaOH は1価の塩基だ。

$$NaOH \longrightarrow Na^+ + OH^-$$

OH^- になる OH が1個

NaOH は1価の塩基

●水酸化カルシウム $Ca(OH)_2$ の場合

水酸化カルシウムは水溶液中で Ca^{2+} と2個の OH^- に電離する。OH^- が2個生じるので，$Ca(OH)_2$ は2価の塩基だ。

$$Ca\underline{(OH)_2} \longrightarrow Ca^{2+} + \underline{2OH^-}$$

OH⁻になるOHが2個　　　　　　　　Ca(OH)₂は2価の塩基

●アンモニア NH_3 の場合

アンモニアは水と反応して，1分子あたり1個の OH^- が生じるので，1価の塩基だよ。NH_3 には OH が含まれていないけど，次式のように反応して OH^- を生じるんだ。

$$\underline{NH_3} + \underline{H_2O} \rightleftharpoons NH_4^+ + \underline{OH^-}$$

H⁺を与える　　　　　OH⁻になるOHが1個　　　NH₃は1価の塩基

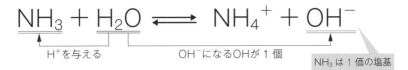

Hが3つあるからといって，3価の酸にはならないのですね。

そうなんだ。間違える人が多いから注意してね。
アンモニアは1価の塩基！
NH_3 の H は H^+ にならないからね。

3　酸・塩基の強弱

酸や塩基は，水溶液中で電離して，水素イオン H^+ や水酸化物イオン OH^- を生じるものだったね。ただ，すべての分子が電離しているとは限らないんだ。

どういうこと？

例えば，塩化水素HClは水に溶けると，**ほとんどのHCl分子が電離**する。しかし，酢酸CH₃COOHは**一部の分子のみが電離する**んだ。図を見るとわかるように，塩化水素はほとんどの分子が電離しているけれど，酢酸分子は一部の分子だけが電離しているよね。

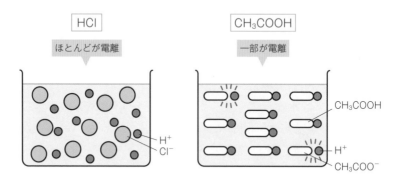

HCl	CH₃COOH
ほとんどが電離	一部が電離

このように，電離する割合は，酸や塩基の種類によって変わる。この割合のことを**電離度**と呼ぶよ。電離度は通常αという文字でおくんだ。

電離度αの求め方

$$電離度 \ \alpha = \frac{電離した酸や塩基の物質量〔mol〕}{溶解した酸や塩基の物質量〔mol〕}$$

上の図においてHClとCH₃COOHの電離度を考えてみよう。HClは，10分子中10分子すべてが電離しているので電離度は$\frac{10}{10}=1$だ。一方，CH₃COOHは，10分子中2分子が電離しているので電離度は$\frac{2}{10}=0.20$になるね。

電離度が1（＝完全に電離している）に近い酸や塩基を強酸・強塩基，電離度が1よりかなり小さい（＝一部の分子しか電離しない）酸や塩基を弱酸・弱塩基という。

　一般に，電離度は物質によって異なり，濃度や温度によっても変化するが，電離度が1に近い塩酸や水酸化ナトリウムなどは，濃度によって電離度は変化しない。一方，電離度がかなり小さい酢酸やアンモニアなどは，濃度が小さいほど電離度は大きくなる。

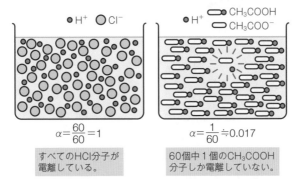

　　● H⁺　○ Cl⁻　　　　　　　● H⁺　◯━○ CH₃COOH
　　　　　　　　　　　　　　　　　　　　◯━○ CH₃COO⁻

$$\alpha=\frac{60}{60}=1$$

すべてのHCl分子が電離している。

$$\alpha=\frac{1}{60}\fallingdotseq0.017$$

60個中1個のCH₃COOH分子しか電離していない。

　電離式が一方向の矢印（——→）である場合，物質が完全に電離することを表し，その物質は強酸や強塩基である。それに対し，**両方向の矢印（⇄）である場合，物質が一部だけ電離する**ことを表し，その物質は弱酸や弱塩基である。

強酸

$$HCl \longrightarrow H^+ + Cl^-$$

弱酸

$$CH_3COOH \rightleftharpoons CH_3COO^- + H^+$$

　ただし，酸・塩基の強弱に価数は関係しないことに注意しよう（価数は，H⁺やOH⁻になることができるHやOHの数だよ）。次の表で，代表的な酸・塩基の価数と強弱を押さえよう。

POINT 酸・塩基のまとめ

電離度……水溶液中に溶解した酸や塩基の物質量に対する，
　　　　　電離した酸や塩基の物質量の割合。

強酸・強塩基……電離度が1に近い酸や塩基。

弱酸・弱塩基……電離度が1よりかなり小さい酸や塩基。

		化学式	価数	強弱
酸	塩酸（塩化水素）	HCl	1価	強酸
	硝酸	HNO_3	1価	強酸
	硫酸	H_2SO_4	2価	強酸
	酢酸	CH_3COOH	1価	弱酸
	炭酸	H_2CO_3	2価	弱酸
	シュウ酸	$(COOH)_2$ （$H_2C_2O_4$ とも書く）	2価	弱酸
	リン酸	H_3PO_4	3価	弱酸
塩基	水酸化ナトリウム	$NaOH$	1価	強塩基
	水酸化カリウム	KOH	1価	強塩基
	水酸化カルシウム	$Ca(OH)_2$	2価	強塩基
	水酸化バリウム	$Ba(OH)_2$	2価	強塩基
	アンモニア	NH_3	1価	弱塩基

アンモニアは$NH_3 + H_2O \rightleftarrows NH_4^+ + OH^-$
と電離するので，価数が「1」の弱塩基だよ！

例えば「塩酸」ときかれたら，「HCl」，「1価」，「強酸」と即答できるように覚えていこう。

暗記カードを作って覚えようかな

表
塩酸

裏		
HCl	1価	強酸

ここまでの内容を対策問題で確認しよう。

対策問題 にチャレンジ

酸と塩基に関する記述として**誤りを含むもの**を，次の①〜⑤のうちから1つ選べ。

① 水に溶かすと電離して水酸化物イオンOH^-を生じる物質は，塩基である。

② 硫酸は2価の強酸である。

③ アンモニアは1価の弱塩基である。

④ 0.10 mol/L酢酸水溶液中の酢酸の電離度は，同じ濃度の塩酸中の塩化水素の電離度より小さい。

⑤ 塩酸を水で薄めると，弱酸となる。

（2012年度センター本試験）

酸・塩基の強弱は，**電離度の大きさ**で決まるよ。
　　電離度が1に近い酸や塩基 ⇒ 強酸・強塩基
　　電離度が1よりかなり小さい酸や塩基 ⇒ 弱酸・弱塩基
　強酸である塩酸を水で薄めても，電離度が小さくなることはなく，弱酸になることはない。

答え ⑤

水で薄めても，強酸の電離度（≒1）はほとんど変わらないよ。

THEME

2 | 水の電離とpH

 pHの計算ができるようになろう。

ここで
きめる！

水溶液の酸性や塩基性の強さは水素イオン濃度で表されるが，水素イオン濃度の値はとても小さく，非常に扱いづらいため，**pH（水素イオン指数）**という値を用いる。

> pH＝7が中性で，pH＜7なら酸性，pH＞7なら塩基性（アルカリ性）だよね。

> そうだね。身のまわりの物で例えると，レモンはpH＝2で酸性が強く，パイプ洗浄剤などはpH＝14で塩基性が強いよ。

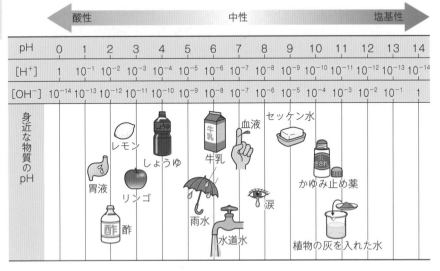

※25℃のとき

ヒトの体内の体液は，様々なpH値を示すんだ。
例えば，だ液はほぼ中性で，胃液は酸性が強いよ。

　では，pHはどのように定義され，どのような方法で求めること
ができるのか，詳しく学習していこう。

1 水の電離と液性

　水はごくごくわずかだけど，次式のように電離している。

$$H_2O \rightleftharpoons H^+ + OH^-$$

　このとき，**水素イオン濃度(mol/L)（[H⁺]と表記）と水酸化物
イオン濃度(mol/L)（[OH⁻]と表記）は等しく，[H⁺]＝[OH⁻]と**
なる。つまり，**1分子のH₂Oが電離すると，H⁺とOH⁻は1分子
ずつ生じる**んだ。このような水溶液の状態を，**中性**というよ。

$[H^+] = [OH^-]$

中性

水素イオンと
水酸化物イオンの
数が等しい

水素イオンのモル濃度を [H⁺]，
水酸化物イオンのモル濃度を [OH⁻] と表すよ。

　ここに，外部から酸が溶け込み**水素イオンH⁺が過剰に生じる**と，
[H⁺]＞[OH⁻] となる。このような水溶液の状態を**酸性**というよ。

$[H^+] > [OH^-]$

酸性

水素イオンのほうが
水酸化物イオンより
多い

反対に，外部から塩基が溶け込み，**水酸化物イオンOH⁻が過剰に生じる**と，[H⁺]＜[OH⁻]となるよね。このような水溶液の状態を**塩基性**という。

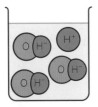

水溶液が酸性か中性か塩基性のいずれかを示すことを液性というよ。

$[H^+] < [OH^-]$

塩基性

水酸化物イオンのほうが水素イオンより多い

2

水の電離とpH

POINT　水の電離とpH

酸性……水素イオン濃度のほうが水酸化物イオン濃度より大きい。$[H^+] > [OH^-]$

中性……水素イオン濃度と水酸化物イオン濃度が等しい。$[H^+] = [OH^-]$

塩基性……水酸化物イオン濃度のほうが水素イオン濃度より大きい。$[H^+] < [OH^-]$

2　水溶液のpH

　THEME 2のはじめで説明したように，水溶液の液性を簡単に表現した数値がpHだったね。では，実際にpHを計算していこう！

　化学基礎では，pHは次の式で求められるよ。

pHの求め方

$[H^+] = 1.0 \times 10^{-x}$ mol/Lのとき pH $= x$

例えば，$[H^+]=10^{-2}$ mol/L のとき，pH＝2，
$[H^+]=10^{-5}$ mol/L のとき，pH＝5 という具合だよ。

本来は pH＝$-\log_{10}[H^+]$ の式を用いて計算する。

水素イオン濃度 $[H^+]$ の値は，与えられていない場合もあるよ。そのときは，水素イオン濃度 $[H^+]$ を次の式で求めることができる。

水素イオン濃度 $[H^+]$ の求め方
$[H^+]$〔mol/L〕＝価数×酸のモル濃度〔mol/L〕×電離度 α

電離度や価数が異なる水溶液の状態を，図で確認し，水素イオン濃度 $[H^+]$ はどのようにして求めることができるのか，学んでいこう。

ここで特に注意するのは，電離度や価数だ。物質によって電離度も価数も異なることに注意しようね。

●塩酸 HCl の場合
HCl は強酸なので，**ほとんどが H^+ と Cl^- に電離する**。$[H^+]$〔mol/L〕は次の式

$$[H^+]〔mol/L〕＝\underset{\text{価数}}{1}×酸のモル濃度〔mol/L〕×\underset{\text{電離度}}{1}$$

で求めることができる。

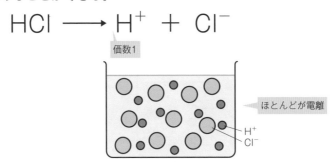

"ほとんどが電離する" 場合，電離度 $\alpha=1$ と考えるよ。

165

●硫酸 H_2SO_4 の場合

　H_2SO_4 は強酸なので，**ほとんどが H^+ と SO_4^- に電離する**。1分子の H_2SO_4 から2個の H^+ が生じることにも注意しよう。$[H^+]$〔mol/L〕は次の式

　　　$[H^+]$〔mol/L〕＝ 2 ×酸のモル濃度〔mol/L〕× 1

で求めることができる。

価数　　　　　　　　　　　　　　　　　　　電離度

$$H_2SO_4 \longrightarrow 2H^+ + SO_4^{2-}$$

価数2

> H_2SO_4 は，ほとんどが電離し，価数は2だ！

　それでは，電離度が1ではない弱酸についても確認してみよう。

●酢酸 CH_3COOH の場合（電離度 $\alpha＝0.20$ とする）

　CH_3COOH は弱酸なので，**一部の分子のみが CH_3COO^- と H^+ に電離する**。大多数の CH_3COOH は電離していないね。$[H^+]$〔mol/L〕は次の式

　　　$[H^+]$〔mol/L〕＝ 1 ×酸のモル濃度〔mol/L〕× 0.2

で求めることができる。

価数　　　　　　　　　　　　　　　　　　　電離度

$$CH_3COOH \rightleftharpoons CH_3COO^- + H^+$$

価数1

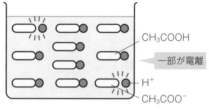

CH₃COOH
一部が電離
H⁺
CH₃COO⁻

> 電離度 $\alpha＝0.20$，価数1を式にあてはめると
> $[H^+]$ を求めることができるね。

POINT pHの求め方

$[H^+]=1.0×10^{-x}$ mol/Lのとき pH=x

$[H^+]$〔mol/L〕=価数×酸のモル濃度〔mol/L〕×電離度 α

それでは，実際にpHを求めてみよう。

 0.010 mol/Lの塩酸のpHはいくらか。

塩酸は，次式のように電離する，1価の強酸だね。

$$HCl \longrightarrow H^+ + Cl^-$$

ほとんどが電離しているので，電離度 $\alpha=1$ である。

$$[H^+]=\underset{\text{価数}}{1}×0.010×\underset{\text{電離度}}{1}=1.0×10^{-2} \text{〔mol/L〕}$$

よって pH=**2** 答

水素イオン濃度［H^+］は，
塩酸のモル濃度にほぼ等しいね。

 0.50 mol/Lの酢酸水溶液のpHの値を求めよ。ただし，電離度は0.020とする。

酢酸水溶液は，次式のように電離する，1価の弱酸である。

$$CH_3COOH \rightleftarrows CH_3COO^- + H^+$$ 酢酸は完全電離ではなく，一部が電離している

電離度0.020より，水素イオン濃度［H^+］は

$$[H^+]=\underset{\text{価数}}{1}×0.50×\underset{\text{電離度}}{0.020}=1.0×10^{-2} \text{〔mol/L〕}$$

よって pH=**2** 答

ここで，水で希釈したときの水素イオン濃度についても，ふれておくよ。

 pH＝3の塩酸を水で100倍に希釈したときのpHの値を求めよ。

　酸性の溶液を10倍に希釈すると，pHの値は1上がる。
　酸性の溶液を100倍に希釈すると，pHの値は2上がる。

塩基性の水溶液を希釈すると，10倍ごとにpHは1ずつ下がる

　よって，pH＝3の塩酸を100倍に希釈すると，pHの値は2上がるので，

　　　　pH＝5

酸性溶液や塩基性溶液を水で希釈したときに，pH＝7を超えることはない。つまり，液性が酸性から塩基性になったり，塩基性から酸性になったりすることはない（例　pH＝3の酸性の水溶液を10^5倍希釈しても，pH＝8の塩基性の水溶液になることはない）。

対策問題 にチャレンジ

(1)　0.10 mol/Lの酢酸水溶液のpHを求めよ。ただし，この濃度における酢酸の電離度は0.010とする。

(2)　0.50 mol/Lの希硫酸を100倍に希釈した水溶液のpHを求めよ。ただし，希硫酸は完全に電離するものとする。

(1) 酢酸の電離式は次の通りだね。酢酸は，1価の弱酸だ。

$$CH_3COOH \rightleftarrows CH_3COO^- + H^+$$

1価の酸

[H⁺]＝価数×酸のモル濃度〔mol/L〕×電離度 α の公式を使うと

$$[H^+] = \underset{価数}{1} \times 0.10 \times \underset{電離度}{0.010} = 0.001$$

$$= 1.0 \times 10^{-3} 〔mol/L〕$$

pHを求める公式より

pH＝**3**

答え (1) **3**

酢酸は一部しか電離しないことがポイントだよ。

(2) 100倍に希釈するとは，「モル濃度〔mol/L〕を $\dfrac{1}{100}$ にする」ということだね。

よって，希釈したあとの希硫酸のモル濃度〔mol/L〕は

$$0.50 \times \dfrac{1}{100} = 0.0050〔mol/L〕$$

また，希硫酸の電離式は，次の通りだね。

$$H_2SO_4 \longrightarrow 2H^+ + SO_4{}^{2-}$$

2価の酸

[H⁺]＝価数×酸のモル濃度〔mol/L〕×電離度 α の公式を使うと

$$[H^+] = \underset{価数}{2} \times 0.0050 \times \underset{電離度}{1} = 0.01$$

$$= 1.0 \times 10^{-2} 〔mol/L〕$$

pHを求める公式より

pH＝**2**

答え (2) **2**

THEME

3 中和の量的関係

ここで
動きめる！

🖐 **中和の量的計算ができるようになろう。**

1 中和反応

　酸と塩基の水溶液を混ぜると，酸の H^+ と塩基の OH^- が反応して水になり，酸や塩基の性質が相殺される。これを**中和反応**という。

　例えば，塩酸 HCl と水酸化ナトリウム $NaOH$ 水溶液を混ぜると，水 H_2O と塩化ナトリウム $NaCl$ が生成される。この反応は，中和反応なんだ。$NaCl$ のように，**酸の陰イオンと塩基の陽イオンが結びついてできた物質**を塩という。中和反応では，**水と同時に塩も生成される**んだ。

塩化水素　＋　水酸化ナトリウム ⟶ 塩化ナトリウム ＋ 水
　　酸　　　　　　塩基　　　　　　　　　塩

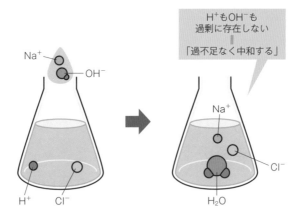

H^+ も OH^- も
過剰に存在しない
＝
「過不足なく中和する」

中和反応によってできた塩 $NaCl$ は
水溶液中で電離しているよ。

> **POINT** **中和反応**
>
> 中和反応…酸と塩基が反応して水と塩を生成する反応。

気体の塩化水素HClとアンモニアNH₃の中和反応のように，塩基がOH⁻をもたないため，水H₂Oを生じない中和反応もある。

$$HCl \ + \ NH_3 \ \longrightarrow \ NH_4Cl$$

2 中和反応の量的関係

中和反応では，酸と塩基がちょうど中和する，ということが重要だ。"ちょうど中和する"ことを"**過不足なく中和する**"というよ。酸と塩基が過不足なく中和するとき，次の関係が成り立つ。

> **中和反応の量的関係①**
>
> 酸が放出する H⁺の物質量〔mol〕
>
> ＝塩基が放出する OH⁻の物質量〔mol〕

中和反応の計算をするときは，「酸が放出するH⁺の物質量」と「塩基が放出するOH⁻の物質量」をそれぞれ求め，それらをイコールで結ぶ式を立てればいいということだね。**H⁺の物質量やOH⁻の物質量は，反応する酸・塩基の物質量にそれぞれの価数を掛ければ求められる**よ。

塩酸HClと水酸化カルシウムCa(OH)₂の中和反応を例にして，詳しく説明していこう。

まずは，酸であるHClの電離式を見てみるよ。HClはH⁺とCl⁻に電離する1価の酸だね。

$$HCl \ \longrightarrow \ H^+ \ + \ Cl^- \quad \blacktriangleleft HClは1価の酸$$

HClが放出するH$^+$の物質量を求める場合，例えばHClの物質量が1 molだったら放出するH$^+$の物質量も1 molということだ。

「酸が放出するH$^+$の物質量〔mol〕
　　　　＝酸の価数×酸の物質量〔mol〕」
という式が成り立つよ。

　次に，塩基である水酸化カルシウムCa(OH)$_2$の電離式を見てみるよ。

$$Ca(OH)_2 \longrightarrow Ca^{2+} + 2OH^-$$

Ca(OH)$_2$は2価の塩基

　Ca(OH)$_2$は1個のCa^{2+}と2個のOH$^-$に電離する2価の塩基だね。Ca(OH)$_2$が放出するOH$^-$の物質量を求める場合，例えばCa(OH)$_2$の物質量が1 molだったら放出するOH$^-$の物質量は，価数の2を掛けて2 molだ。

「塩基が放出するOH$^-$の物質量〔mol〕
　　　　＝塩基の価数×塩基の物質量〔mol〕」
という式が成り立つよ。

　さて，これらをふまえて，HClとCa(OH)$_2$の反応を見てみよう。HClとCa(OH)$_2$の反応は，次のように表される。

$$\underset{2}{2HCl} : \underset{1}{Ca(OH)_2} \longrightarrow CaCl_2 + 2H_2O$$

　HClとCa(OH)$_2$の係数比は2：1なので，例えば，Ca(OH)$_2$が1 molのとき，HCl 2 molと過不足なく反応するということだ。
　H$^+$の物質量とOH$^-$の物質量は，反応する酸・塩基の物質量にそれぞれの価数を掛けるんだったね。HClの価数は1，Ca(OH)$_2$の価数は2なので，これを式にあてはめてみよう。

酸が放出するH^+の物質量〔mol〕

　酸の価数×酸の物質量〔mol〕

　　　　＝塩基が放出するOH^-の物質量〔mol〕

　　　　　塩基の価数×塩基の物質量〔mol〕

$$1 \times 2 \, mol = 2 \times 1 \, mol$$
$$2 \, mol = 2 \, mol$$

HClは1価の酸，2 mol
$Ca(OH)_2$は2価の塩基，1 mol

で，式は成り立つ。したがって，過不足なく中和することがわかる
ね。

　つまり，「酸が放出するH^+の物質量〔mol〕＝塩基が放出するOH^-
の物質量〔mol〕」は次のような式に書き換えることができる。

中和反応の量的関係②
酸の価数×酸の物質量〔mol〕

　　　　　　＝塩基の価数×塩基の物質量〔mol〕

HClと$Ca(OH)_2$の反応では，中和の反応式を書
いて考えたけど，実は反応式を書かなくても求め
られる。
価数×酸・塩基それぞれの物質量が等しくなるよ
うに式を立てていけばいいよ。

　中和反応の問題では，わからない数値をx，yなどとおいて，こ
の式にあてはめて解く，というパターンが多いよ。まずは例題で，
問題に慣れていこう。

　0.20 molの塩酸とちょうど中和するアンモニアの物質量
を求めよ。

化学反応式は次のようになる。酸と塩基の価数を確認しておこう。

$$\underset{\text{1価の酸}}{HCl} + \underset{\text{1価の塩基}}{NH_3} \longrightarrow NH_4Cl$$

1価の酸と1価の塩基が過不足なく中和する

アンモニアの物質量を x 〔mol〕とおくと,

酸の価数×酸の物質量〔mol〕＝塩基の価数×塩基の物質量〔mol〕だから

$$\underset{\substack{\text{価数}}}{1} \times \underset{\substack{\text{塩酸の物質量}}}{0.20} = \underset{\substack{\text{価数}}}{1} \times \underset{\substack{\text{アンモニアの} \\ \text{物質量}}}{x}$$

$$x = 0.20 \text{〔mol〕} \quad \text{答}$$

 例題 0.20 mol の酢酸とちょうど中和する水酸化カルシウムの質量を求めよ。ただし，原子量は，H = 1.0，O = 16，Ca = 40 とする。

まず，化学反応式から，酸と塩基の価数を確認しておこう。

$$\underset{\substack{\text{1価の酸}}}{2CH_3COOH} + \underset{\substack{\text{2価の塩基}}}{Ca(OH)_2} \longrightarrow (CH_3COO)_2Ca + 2H_2O$$

1価の酸と2価の塩基が過不足なく中和する

次に，中和する水酸化カルシウムの物質量を x 〔mol〕とおくと

$$\underset{\substack{\text{価数}}}{1} \times \underset{\substack{\text{酢酸の物質量}}}{0.20} = \underset{\substack{\text{価数}}}{2} \times \underset{\substack{\text{水酸化カルシ} \\ \text{ウムの物質量}}}{x}$$

$$x = 0.10 \text{〔mol〕}$$

$Ca(OH)_2$ の分子量は

$$40 + (16 + 1.0) \times 2 = 74$$

よって，物質量が 0.10 mol のときの質量を y 〔g〕とすると

$$\frac{y}{74} = 0.10$$

$$y = 7.4 \text{〔g〕} \quad \text{答}$$

 中和では，THEME 1 や THEME 2 で学んだような，酸と塩基の強弱や電離度は考えなくていいよ。物質ごとに値が異なる価数だけは押さえよう。

物質量は，いつも与えられているわけではない。中和したときの
酸や塩基の体積から，物質量やモル濃度を求める場合もあるよ。

 0.036 mol/Lの酢酸水溶液10.0 mLと水酸化ナトリウム水
溶液18.0 mLが過不足なく中和する。このとき，水酸化
ナトリウム水溶液のモル濃度を求めよ。

化学反応式は次のようになる。酸と塩基の価数を確認しておこう。

$$\underset{\text{1価の酸}}{CH_3COOH} + \underset{\text{1価の塩基}}{NaOH} \longrightarrow CH_3COONa + H_2O$$

1価の酸と1価の塩基が過不足なく中和する

水酸化ナトリウムのモル濃度をx〔mol/L〕とおくと

$$\underset{\text{価数}}{1} \times \underset{\text{酢酸の物質量}}{0.036〔mol/L〕 \times \frac{10.0}{1000}〔L〕}$$

$$= \underset{\text{価数}}{1} \times \underset{\text{水酸化ナトリウムの物質量}}{x〔mol/L〕 \times \frac{18.0}{1000}〔L〕}$$

 物質量〔mol〕＝モル濃度〔mol/L〕×体積〔L〕だっ
たね。
1 L＝1000 mLより，単位をmLからLに変える
ときは，1000で割るといいよ。

よって　$x = 0.020$〔mol/L〕

POINT　中和反応の量的関係

酸が放出するH^+の物質量〔mol〕
　　　　　　＝塩基が放出するOH^-の物質量〔mol〕
⇕
酸の価数×酸の物質量〔mol〕
　　　　　　＝塩基の価数×塩基の物質量〔mol〕

では，少し応用的な問題にチャレンジしてみよう。

過去問にチャレンジ

　ある量の気体のアンモニアを入れた容器に0.30 mol/Lの硫酸40 mLを加え，よく振ってアンモニアをすべて吸収させた。反応せずに残った硫酸を0.20 mol/Lの水酸化ナトリウム水溶液で中和滴定したところ，20 mLを要した。はじめのアンモニアの体積は，標準状態で何Lか。最も適当な数値を，次の①～⑤のうちから1つ選べ。

① 0.090　　② 0.18　　③ 0.22　　④ 0.36　⑤ 0.45

（2007年度センター本試験）

アンモニアNH_3と硫酸H_2SO_4と水酸化ナトリウム$NaOH$の量的関係を図解すると，次のようになるね。

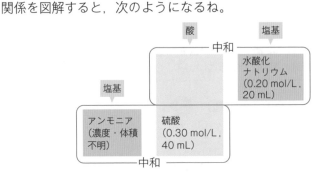

つまり，酸であるH_2SO_4と，塩基であるNH_3と$NaOH$がちょうど中和している，ということだね。これを，「**酸の価数×酸の物質量＝塩基の価数×塩基の物質量**」の式にあてはめると，次のようになる。

$$\underline{2 \times H_2SO_4 \text{の物質量〔mol〕}}$$
H₂SO₄の価数

$$= 1 \times NH_3 \text{の物質量〔mol〕} + 1 \times NaOH \text{の物質量〔mol〕}$$
NH₃の価数　　　　　　　　　　　NaOHの価数

求めるNH_3の標準状態の体積をx〔L〕とすると

$$2 \times 0.30\text{〔mol/L〕} \times \frac{40}{1000}\text{〔L〕}$$
H₂SO₄　　　　H₂SO₄の物質量〔mol〕
の価数

$$= 1 \times \frac{x}{22.4}\text{〔mol〕} + 1 \times 0.20\text{〔mol/L〕} \times \frac{20}{1000}\text{〔L〕}$$
NH₃の　NH₃の物質量　　NaOH　　　NaOHの物質量〔mol〕
価数　　〔mol〕　　　　の価数

これを解くと

$$x = 0.448$$
$$\fallingdotseq 0.45 \text{〔L〕}$$

答え ⑤

求めるNH_3は気体の体積なので,
標準状態での1 molの体積（22.4 L）で割っているんだね。

THEME

4 | 中和滴定

📖 中和滴定の操作を覚えよう。

📖 滴定曲線と指示薬の関係を知ろう。

濃度がすでにわかっている酸 (塩基) と，濃度が未知の塩基 (酸) が，ちょうど中和したときの体積を求める実験を**中和滴定**という。**中和がちょうど完了する**点を，**滴定の終点**，または**中和点**というよ。

実験っていうことは器具を使うってこと？

 そうなんだ。ここではガラス器具の使い方や滴定の終点の見方を知ってほしい。

1 | 中和滴定の操作

中和滴定で用いるおもな器具には次のようなものがある。それぞれの器具の用途を知っておこう！

ホールピペット	ビュレット	メスフラスコ	コニカルビーカー

| 溶液の**体積**を正確にはかり取る | **滴下量**を正確に測定する | 溶液の**濃度**を正確に調製する（希釈の際にも使う） | 滴定の際の**受け器** |

では，これらの器具を用いて，中和滴定の操作を見てみよう！

濃度が不明の食酢に，濃度がわかっている水酸化ナトリウムNaOH水溶液を滴下する実験を行う。

① 濃度が不明の食酢10 mLをホールピペットでとり，100 mLのメスフラスコに入れて水で10倍に薄める（希釈）。

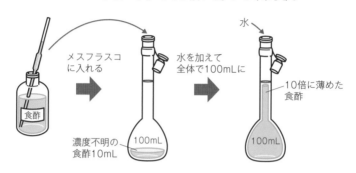

メスフラスコに入れる

濃度不明の食酢10mL

100mL

水を加えて全体で100mLに

水

100mL

10倍に薄めた食酢

② ①で10倍に薄めた食酢を10 mLとり，コニカルビーカーに入れ，**指示薬**〈しじやく〉を1，2滴加える。

指示薬

10倍に薄めた食酢10mL

中和点は，指示薬の変色で確認するんだ。
指示薬とは，あるpH領域で色が変わる試薬だよ。
詳しくは，p.183で説明するよ。

③ 濃度のわかっている NaOH 水溶液をビュレットに入れ，②に
滴下する。指示薬の色の変化で中和点を判断し，中和に要した
NaOH 水溶液の体積をビュレットの目盛りから読み取り，食酢
の濃度を計算で求める。

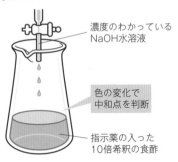

濃度のわかっている
NaOH水溶液

色の変化で
中和点を判断

指示薬の入った
10倍希釈の食酢

中和反応の量的関係の計算はもう大丈夫かな？
わからなくなったらp.173を復習しよう。

> **POINT** **中和のまとめ**
>
> **中和滴定**…濃度がわかっている酸（塩基）を濃度未知の塩基（酸）
> に滴下する実験。中和反応の量的関係により未知
> の濃度が求められる。
>
> **中和点**…中和が完了する点。

2 滴定曲線

　中和滴定において，滴下する酸(塩基)の滴下量と，受け器である
コニカルビーカー内の水溶液のpHの関係をグラフで表したものを
滴定曲線という。滴定曲線は，横軸に滴下した水溶液の体積，縦
軸にpHの変化をとったグラフだよ。滴定曲線を見れば，中和点の
前後でpHが激しく変化することがわかる。また，受け器の水溶液
のpHが描く曲線によって，滴下される溶液の液性や受け器の溶液
の液性を知ることができる。おもに，以下の３つのタイプの概形を
覚えておこう！

1 強酸に強塩基を滴下した場合

　下図を見ると，pHがある滴下量で大きく変化しているのがわか
るね。このときのpH変化の幅を**pHジャンプ**という。**pHジャン
プが現れたときの滴下量が中和点**だ。
　強酸と強塩基の滴定曲線はpHジャンプの幅が大きいよ。

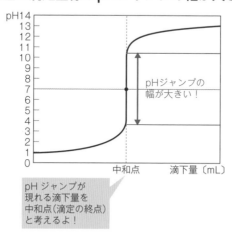

pHジャンプが
現れる滴下量を
中和点(滴定の終点)
と考えるよ！

中和点の前後でpH値がかなり変化したね！

② 弱酸に強塩基を滴下した場合

　弱酸と強塩基の滴定曲線はpHジャンプの幅が狭く，塩基性側に偏っている。これは，中和点で存在する，中和によって生じる塩が塩基性を示すからなんだ。

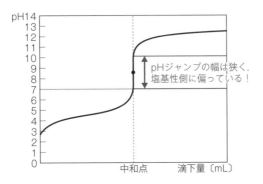

pHジャンプの幅は狭く，塩基性側に偏っている！

中和点　　滴下量〔mL〕

pHジャンプが塩基性側に見られるね。

③ 弱塩基に強酸を滴下した場合

　弱塩基と強酸の滴定曲線はpHジャンプの幅が狭く，酸性側に偏っている。これは，中和点で存在する，中和によって生じる塩が酸性を示すからなんだ。

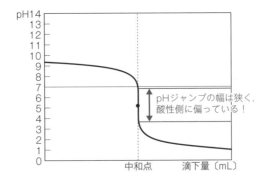

pHジャンプの幅は狭く，酸性側に偏っている！

中和点　　滴下量〔mL〕

pHジャンプが酸性側に見られるね。

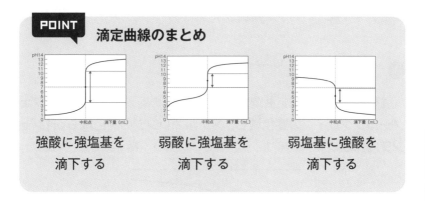

POINT 滴定曲線のまとめ

強酸に強塩基を 滴下する	弱酸に強塩基を 滴下する	弱塩基に強酸を 滴下する

3 指示薬の選択

中和滴定において，中和がちょうど終了することを確認するために，**指示薬**を用いる。指示薬とは，**液体の色調の変化でpHを確認できる薬品**だ。おもに，「**フェノールフタレイン**」と「**メチルオレンジ**」が用いられるが，これらは色の変化が起こるpH領域(変色域)が異なるので，使い分けが必要だ。

指示薬の色の変化

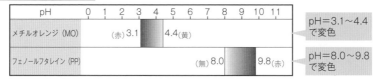

pH	0 1 2 3 4 5 6 7 8 9 10 11	
メチルオレンジ (MO)	(赤)3.1　4.4(黄)	pH=3.1〜4.4 で変色
フェノールフタレイン (PP)	(無)8.0　9.8(赤)	pH=8.0〜9.8 で変色

指示薬によって，変色域が異なることを，
しっかり確認しておこう！

指示薬は，中和点で色が変わらなければならない。つまり，フェノールフタレインを用いる場合は，中和点でのpH変化がpH=8.0〜9.8を含み，メチルオレンジを用いる場合は，中和点でのpH変化がpH=3.1〜4.4を含む滴定実験でなければいけないね。滴定曲線でいうと，**pHジャンプ内に指示薬の変色域が収まっていなければならない**。では，滴定曲線を見ながら，どのように指示薬

を使い分ければいいか，確認しよう。

① 強酸に強塩基を滴下した場合

強酸と強塩基の滴定曲線はpHジャンプの幅が大きいので，**フェノールフタレインの変色域も，メチルオレンジの変色域もpHジャンプ内に収まる**。つまり，この場合はどちらの指示薬も使用可能だ。

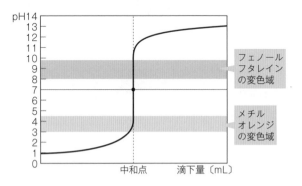

フェノール
フタレイン
の変色域

メチル
オレンジ
の変色域

② 弱酸に強塩基を滴下した場合

弱酸と強塩基の滴定曲線はpHジャンプの幅が狭く，塩基性側に偏っているので，変色域が塩基性側(pH＝8.0〜9.8)にある**フェノールフタレインのみが使用可能**なんだ。

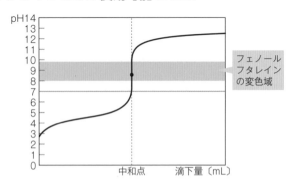

フェノール
フタレイン
の変色域

③ 弱塩基に強酸を滴下した場合

弱塩基と強酸の滴定曲線はpHジャンプの幅が狭く、酸性側に偏っているので、変色域が酸性側(pH=3.1～4.4)にある**メチルオレンジのみが使用可能**なんだ。

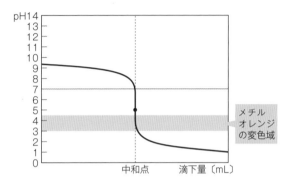

COLUMN 弱酸に弱塩基を滴下した場合の指示薬

弱酸に弱塩基を滴下していく際の滴定曲線はpHジャンプがほとんどなく、指示薬を使う滴定ができない。

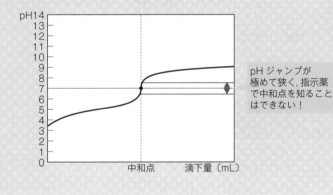

185

POINT **中和滴定に用いる指示薬のまとめ**

指示薬……中和点を確認するための薬品。

液体の色調の変化で中和点を確認する。

フェノールフタレイン(PP)……指示薬。

変色域はpH＝8.0～9.8。

メチルオレンジ(MO)……指示薬。変色域はpH＝3.1～4.4。

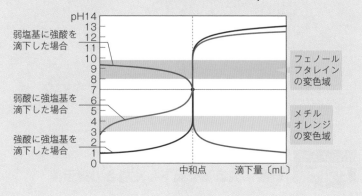

フェノールフタレインとメチルオレンジの
どちらでも使用可能なのは
強酸と強塩基の組み合わせだけ！

では，ここまでの内容を確認しよう。

対 策 問 題 にチャレンジ

　次ページの図は中和滴定曲線である。この滴定にはメチルオ
レンジ(変色域はpH 3.1～4.4)またはフェノールフタレイン(変
色域はpH 8.0～9.8)を指示薬として用いた。このことに関する
記述として正しいものを，次の①～④のうちから2つ選べ。た
だし，解答の順序は問わない。

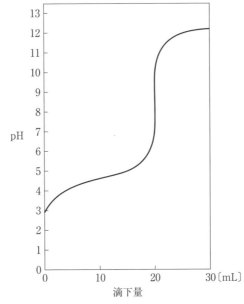

① 0.10 mol/Lの酢酸水溶液10 mLに，0.050 mol/Lの水酸化ナトリウム水溶液を滴下していくと，図の曲線が得られる。

② 0.10 mol/Lの硝酸10 mLに，0.050 mol/Lの水酸化ナトリウム水溶液を滴下していくと，図の曲線が得られる。

③ 図の曲線の滴定のときに，中和点(終点)の指示薬としてメチルオレンジは使えない。

④ 図の曲線の滴定のときに，中和点(終点)の指示薬としてフェノールフタレインは使えない。

　曲線がpH＝3から始まり，pHジャンプが塩基性側に偏っているので，**弱酸に強塩基を滴下したときの滴定曲線**である。よって，①の酢酸(弱酸)と水酸化ナトリウム(強塩基)の組み合わせが正しい。②は，強酸に強塩基を滴下しているので，誤り。

　また，pHジャンプは塩基性側に偏っているため，変色域が塩基性側にある「フェノールフタレイン」のみが使える。よって③は正しく，④は誤り。

答え ①，③

THEME

5 | 塩

- 塩の分類基準を知ろう。
- 塩の水溶液の液性を判別できるようになろう。

1 塩

中和反応でできる水以外の
ものが塩ですよね。

そうだね。塩とは，**酸が電離して生じた陰イオンと，塩基が電離して生じた陽イオンが結合した化学式**をもつよ。

$$酸 ＋ 塩基（アルカリ） \longrightarrow 水 ＋ \boxed{塩}$$

例えば，塩酸HClと水酸化ナトリウムNaOHの中和反応で生じた，塩化ナトリウムNaClは"塩"だ。

$$\underline{HCl} ＋ \underline{NaOH} \longrightarrow \underline{NaCl} ＋ H_2O$$

酸の陰イオン(Cl$^-$)＋塩基の陽イオン(Na$^+$)　　塩

2 塩の分類

塩には，おもに正塩・酸性塩・塩基性塩の3種類があるよ。

❶ 正塩

酸と塩基が反応して生成した塩の化学式に，酸のH，塩基のOHが残っていないものを**正塩**という。

$$HCl ＋ NaOH \longrightarrow \underline{NaCl} ＋ H_2O$$
正塩

$$HCl ＋ NH_3 \longrightarrow \underline{NH_4Cl}$$
正塩

NH$_4$ClのHは，酸のHではないよ。

❷ 酸性塩

　酸と塩基が反応して生成した塩の化学式に，酸のHが残っているものを**酸性塩**という。

$$H_2SO_4 + NaOH \longrightarrow \underset{\text{酸性塩}}{\underline{NaHSO_4}} + H_2O$$

❸ 塩基性塩

　酸と塩基が反応して生成した塩の化学式に，塩基のOHが残っているものを**塩基性塩**という。

$$HCl + Mg(OH)_2 \longrightarrow \underset{\text{塩基性塩}}{\underline{MgCl(OH)}} + H_2O$$
$$HCl + Ca(OH)_2 \longrightarrow \underset{\text{塩基性塩}}{\underline{CaCl(OH)}} + H_2O$$

> **POINT**　塩の分類
>
> 正塩……酸のH，塩基のOHが残っていない塩。
> 酸性塩……酸のHが残っている塩。
> 塩基性塩……塩基のOHが残っている塩。

3　正塩の水溶液の液性

　塩を水に溶解させたときの水溶液の液性は，塩の分類とは関係がないんだ。

 どういうこと？

 酸性塩の水溶液が酸性とは限らない，ということだよ。

189

例えば，塩化水素HClとアンモニアNH₃からは，正塩NH₄Clが生じるが，この塩の水溶液は，酸性を示す。

　一般に，**強酸と強塩基から生じる正塩は，水に溶解させると中性**になる。しかし，強酸と弱塩基，弱酸と強塩基から生じる正塩は，酸性や塩基性を示す。これは，**中和するもとの酸と塩基の強弱に依存**している。

　それでは，実際に次の3つの正塩NaCl，CH₃COONa，NH₄Clを水に溶解させたときの液性を調べてみよう。

5

塩

ステップ❶ 正塩の化学式を陽イオンと陰イオンに分解する。

ステップ❷ 陽イオンにOH⁻を陰イオンにH⁺を付け足して，中和するもとの酸と塩基を特定する。

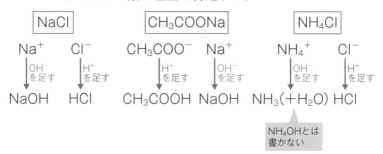

 正塩NaClは，NaOHとHClから作られたことがわかるね。

ステップ 3 もとの酸と塩基の強弱の組み合わせから，次のように判断する。

「強酸」と「強塩基」からなる正塩の水溶液…「中性」

「強酸」と「弱塩基」からなる正塩の水溶液…「酸性」

「弱酸」と「強塩基」からなる正塩の水溶液…「塩基性」

| $NaCl$ | CH_3COONa | NH_4Cl |

| NaOH と HCl | CH₃COOH と NaOH | NH₃ と HCl |
| 強塩基　　強酸 | 弱酸　　　強塩基 | 弱塩基　　強酸 |

正塩の　　　中性　　　　　　塩基性　　　　　　　酸性
水溶液の液性

 NaClの場合，強塩基のNaOHと強酸のHClから作られているから，水溶液は中性だね。

　塩の水溶液の液性は，もとの酸と塩基の強弱により判断することができるよ。

		もとの酸の性質	
		強酸	**弱酸**
もとの塩基の性質	**強塩基**	中性 (例：NaCl Na₂SO₄ など)	塩基性 (例：CH₃COONa Na₂CO₃ など)
	弱塩基	酸性 (例：NH₄Cl CuSO₄ など)	—

 同じ正塩でも，水溶液の液性は異なる。
中和するもとの酸と塩基の強弱に依存するよ。

- ・強酸と強塩基からなる正塩の水溶液は**中性**
- ・強酸と弱塩基からなる正塩の水溶液は**酸性**
- ・弱酸と強塩基からなる正塩の水溶液は**塩基性**

では，塩について確認しておこう。

対策問題にチャレンジ

次の塩に関する記述として正しいものを，次の①～④のうちから1つ選べ。

① 塩化アンモニウムは正塩であり，その水溶液は中性を示す。

② 炭酸ナトリウム（Na_2CO_3）は塩基性塩なので，その水溶液は塩基性を示す。

③ 硫酸ナトリウムは正塩であり，その水溶液は中性を示す。

④ 酢酸ナトリウムは正塩であるが，その水溶液は酸性を示す。

「**塩の分類**」と「**塩の水溶液の液性**」は**まったく無関係**だったね。しっかり区別しておこう！

① 塩化アンモニウムNH_4Clは**正塩**であるが，塩酸（強酸）とアンモニア（弱塩基）からなる塩なので，その水溶液は**酸性**を示す。

② 炭酸ナトリウムNa_2CO_3は**正塩**であり，炭酸H_2CO_3（弱酸）と水酸化ナトリウム$NaOH$（強塩基）からなる塩なので，その水溶液は**塩基性**を示す。

④ 酢酸ナトリウムCH_3COONaは**正塩**であるが，酢酸（弱酸）と水酸化ナトリウム（強塩基）からなる塩なので，その水溶液は**塩基性**を示す。

答え ③

SECTION

酸化還元反応

5

THEME

正しく酸化数を求められるようになろう！

酸化数の算出は酸化・還元の第1歩。ルールを覚えて正確に算出できるようになろう。

ルール **1** 単体中の原子の酸化数は「0」とする。

ルール **2** 単原子イオンの酸化数は，イオンの電荷と同じとする。

ルール **3** 化合物中のアルカリ金属の酸化数は「＋1」，2族元素は「＋2」，ハロゲンは「－1」とする。

ルール **4** 化合物中の水素原子の酸化数は「＋1」とする。

ルール **5** 化合物中の酸素原子の酸化数は「－2」とする。

電子を含むイオン反応式を作れるようになろう！

酸化還元反応は電子のやり取り。酸化剤や還元剤の**反応前後の変化を表す式を電子を用いて作れる**ようになろう。覚えることもあるがコツもある。また，酸化還元の量的関係に関する計算問題も頻出。しっかり習得してほしい。

ここが問われる！ イオン化傾向を用いた金属の反応を覚えよう！

　イオン化傾向に関する問題は共通テストでは頻出。イオン化傾向と関連させて**金属の反応**をしっかり押さえよう。

イオン化傾向 大

イオン化傾向 小

Li	K	Ca	Na	Mg	Al	Zn	Fe	Ni	Sn	Pb	(H₂)	Cu	Hg	Ag	Pt	Au
リチウム	カリウム	カルシウム	ナトリウム	マグネシウム	アルミニウム	亜鉛	鉄	ニッケル	スズ	鉛	水素	銅	水銀	銀	白金	金

リッチにかりる　か　な　ま　あ　あ　あ　て　に　すん　な　ひ　ど　す　ぎる　借　金

ここが問われる！ 電池のしくみをダニエル電池を例に知ろう！

　電池のしくみについて，**ダニエル電池は各電極の反応も含めて問われる**ことになる。イオン化傾向と関連させて電子の流れをとらえよう！

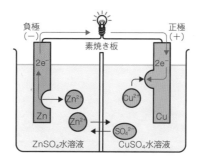

SECTION5で学ぶ「酸化還元反応」もSECTION4の「酸・塩基」同様，範囲の大きな単元。毎年問われる超重要単元だよ。多少覚えることは多いけれど，ここで点数を取れると一気に飛躍できる！

1 酸化と還元

 ここで きめる!

🔖 酸素の授受による定義を知ろう。

🔖 水素の授受による定義を知ろう。

🔖 電子 e⁻ の授受による定義を知ろう。

中学校で習った酸化と還元について覚えてる?

うん。酸化は酸素と結合することで,還元は酸素を失うことだよね。

そうだね。高校ではもう少し範囲を広げて,水素や電子の授受にも着目して酸化と還元を考えていくよ。

1 酸化と還元（酸素の授受による定義）

まずは,酸素の授受による酸化・還元の定義を見ていこう。

銅 Cu を空気中で加熱すると,空気中の酸素 O_2 と反応して,酸化銅(II)CuO ができるよ。

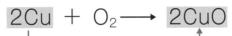

$$2Cu + O_2 \longrightarrow 2CuO$$

銅が酸素を受け取って酸化銅(II)に
（＝銅は酸化された）

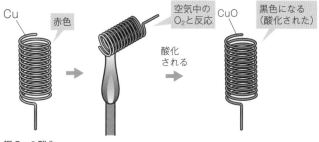

銅Cuの酸化

このとき，銅は赤色から黒色へ変化する。このように，**物質が酸素と反応して化合物を生成すること**を，**酸化**といい，Cuは"**酸化された**"という。

一方，加熱した酸化銅（Ⅱ）CuOを水素H_2と接触させると，酸化銅（Ⅱ）は再び銅Cuに戻る。

酸化銅（Ⅱ）は酸素を失って銅に（＝酸化銅（Ⅱ）は還元された）

$$CuO + H_2 \longrightarrow Cu + H_2O$$

水素が酸素を受け取って水に（＝水素は酸化された）

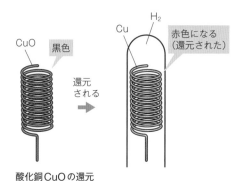

酸化銅CuOの還元

このとき，酸化銅（Ⅱ）は，黒色からもとの銅の色（赤色）へ戻る。このように，**物質が酸素を失うこと**を，**還元**といい，酸化銅（Ⅱ）CuOは"**還元された**"という。同時に，水素H_2は酸素を受け取ったので，"酸化された"ことになる。

酸化と還元（酸素の授受による定義）

「酸素を受け取る」……酸化される
「酸素を失う」…………還元される

では，次の反応式について，「酸化されたもの」と「還元されたもの」を答えてみよう！

次の反応で，酸化された物質，還元された物質は何か。

$$2Mg + CO_2 \longrightarrow 2MgO + C$$

化学反応式より，マグネシウム Mg は，酸素を受け取って酸化マグネシウム MgO になり，同時に，二酸化炭素 CO_2 は，酸素を失って炭素 C になっていることがわかるんだ。

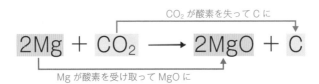

CO_2 が酸素を失って C に

$$2Mg + CO_2 \longrightarrow 2MgO + C$$

Mg が酸素を受け取って MgO に

以上より，酸化された物質　**Mg**　

還元された物質　**CO_2**　

酸素を受け取ることが「酸化される」，
酸素を失うことが「還元される」でした！

2 | 酸化と還元（水素の授受による定義）

　次に，水素の授受によって定義される酸化と還元を見ていくよ。

　硫化水素H_2Sの水溶液に過酸化水素H_2O_2の水溶液（過酸化水素水）を加えると，硫黄Sと水H_2Oが生じ，溶液が白濁する。

過酸化水素水H_2O_2

無色・透明

白濁

硫化水素H_2Sの水溶液

硫黄S＋水H_2O

溶液が白く濁るのは
水に溶けにくい硫黄が生じたからだよ。

　このとき，「酸化されたもの」と，「還元されたもの」はなんだろう。酸素の授受で考えると，酸素の移動がないから，"酸化"も"還元"も関係ないように思えるね。そこで，**水素に着目して**化学反応式を見てみよう。H_2Sは，水素を失って，硫黄Sになるね。一方，H_2O_2は，水素を受け取ってH_2Oになる。このとき，硫化水素H_2Sは，**水素を失って**"**酸化された**"といい，過酸化水素H_2O_2は，**水素を受け取って**"**還元された**"というよ。

過酸化水素が水素を受け取って水に（＝過酸化水素は還元された）

$$H_2S \ + \ H_2O_2 \ \longrightarrow \ S \ + \ 2H_2O$$

硫化水素が水素を失って硫黄に（＝硫化水素は酸化された）

酸素に着目したときと，受け渡しの向きが"逆"
と覚えておけばいいよ！

POINT 酸化と還元（水素の授受による定義）

「水素を受け取る」……還元される

「水素を失う」………酸化される

では，次の反応式について，「酸化されたもの」と「還元された
もの」を答えてみよう！

 次の反応で，酸化された物質，還元された物質は何か。
$$H_2S + I_2 \longrightarrow S + 2HI$$

化学反応式より，硫化水素 H_2S は，水素を失って硫黄 S になり，
同時に，ヨウ素 I_2 は，水素を受け取ってヨウ化水素 HI になって
いることがわかるよ。

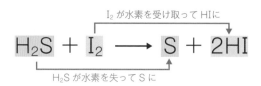

I₂ が水素を受け取って HI に

$$H_2S + I_2 \longrightarrow S + 2HI$$

H₂S が水素を失って S に

以上より，酸化された物質　**H_2S**　答

　　　　　　還元された物質　**I_2**　答

水素を受け取ることを「還元される」，
水素を失うことを「酸化される」といったね。

3 酸化と還元（電子の授受による定義）

今度は，電子の授受で定義される酸化と還元を見ていく。

加熱した銅線(Cu)を塩素ガス(Cl_2)の中に入れると，激しく反応して黄色い煙が発生し，塩化銅(II)$CuCl_2$ができる。この反応を化学反応式で表すと，次のようになるよ。

$$Cu + Cl_2 \longrightarrow CuCl_2$$

加熱
する

Cl_2の入った
集気ビンに
入れる

激しく反応し
$CuCl_2$ が生じる

Cu

このとき，「酸化されたもの」と，「還元されたもの」はなんだろう。反応式では，酸素も水素も移動していないね。そこで，**電子e^- に着目して**考えるんだ。

塩化銅(II)は，銅イオンCu^{2+}と塩化物イオンCl^-からなる，**イオン結晶**だ。銅原子Cuは，電子e^-を失って銅イオンCu^{2+}になり，塩素原子Clは，電子e^-を受け取って塩化物イオンCl^-になるよ。

銅が電子を失って銅イオンに(＝銅は酸化された)

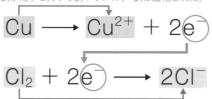

塩素が電子を受け取って塩化物イオンに(＝塩素は還元された)

このとき，銅は，**電子を失って"酸化された"**といい，塩素は，**電子を受け取って"還元された"**という。

このように，**酸素や水素の受け渡しがない，酸化と還元の反応**もあるんだ。電子の授受による酸化・還元の定義は，特に重要なので，しっかり理解しておこう。

> **POINT** **酸化と還元（電子の授受による定義）**
> 「電子を受け取る」……還元される
> 「電子を失う」…………酸化される

 酸素に着目したときと受け渡しの向きが逆と覚えよう！

では，次の反応式について，「酸化されたもの」と「還元されたもの」を答えてみよう！

 例題 次の反応で，酸化された物質，還元された物質は何か。
$$2Na + Cl_2 \longrightarrow 2NaCl$$

化学反応式より，ナトリウム Na は，ナトリウムイオン Na^+ になって電子 e^- を失い，同時に，塩素 Cl_2 は，塩化物イオン Cl^- になり，電子 e^- を受け取っていることがわかる。

ナトリウムが電子を失ってナトリウムイオンに

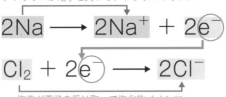

$$2Na \longrightarrow 2Na^+ + 2e^-$$
$$Cl_2 + 2e^- \longrightarrow 2Cl^-$$

塩素が電子を受け取って塩化物イオンに

以上より，酸化された物質　Na　答

還元された物質　Cl₂　答

　このように，酸化と還元は，酸素や水素，電子の授受による定義から説明することができる。また，酸化と還元は，必ず同時に起こるので，まとめて**酸化還元反応**というよ。

> **POINT**　　**酸化還元反応のまとめ**
>
> | | 酸素の授受 | 水素の授受（酸素の逆） | 電子(e^-)の授受（酸素の逆） |
> |---|---|---|---|
> | 酸化される | 酸素と結合 | 水素を失う | 電子を失う |
> | 還元される | 酸素を失う | 水素と結合 | 電子を受け取る |

酸素を受け取ったら「酸化される」，
水素，電子を受け取ったら「還元される」，
ややこしく感じるけど，理解してしまえば簡単だよ。

THEME

2 酸化数

ここで
きめる！

📑 酸化数を求められるようになろう。
📑 酸化還元反応を見抜けるようになろう。

1 酸化数

> THEME 1で学んだ酸化と還元の定義から，次の化学反応式の硫黄Sが酸化されたか，還元されたかわかる？

$$H_2O_2 + \underline{S}O_2 \longrightarrow H_2\underline{S}O_4$$

> えーっと，酸素を受け取ることが「酸化」で，水素を受け取ることが「還元」だよね。二酸化硫黄SO_2の硫黄Sは酸素とも結合しているし，水素とも結合している……。どっちなんだろう。

　そうなるよね。電子のやり取りも見えないし困るよね。そこで登場するのが**酸化数**なんだ。酸化数とは，**酸化の程度を数値化したもの**で，化学反応の前後で**酸化数が増加したら酸化された，酸化数が減少したら還元されたことになる**んだ。

> 数値化してしまえば確実ね！

　そうなんだ。とても便利な数値なんだけど，**求めるためのルール**があるので，まずはそのルールを覚えて正しく酸化数を求められるようになろう。

2 酸化数の求め方

　次の5つのルールを確認して，酸化数を求めていこう。酸化数は原子1個あたりで求めるよ。

ルール 1 単体中の原子の酸化数は「0」とする。

　　例　H_2のH，Cl_2のCl，Cu，Sいずれの原子も酸化数は「0」

酸化数が「0」以外なら，
必ず符号をつけること！

ルール 2 単原子イオンの酸化数は，イオンの電荷と同じとする。

　　例　Cu^{2+}ならCuの酸化数は「+2」，Cl^-ならClの酸化数は「-1」

このルールは，原子がイオン化したときの電荷と同じだ！

ルール 3 化合物中のアルカリ金属の酸化数は「+1」，2族元素は「+2」，ハロゲンは「-1」とする。

　　例　NaClのNaの酸化数は「+1」，Clの酸化数は「-1」，CaOのCaの酸化数は「+2」

ルール 4 化合物中の水素原子の酸化数は「+1」とする。

　　例　H_2OのHの酸化数は「+1」

ルール 5 化合物中の酸素原子の酸化数は「-2」とする。

　　例　CO_2のOの酸化数は「-2」

　ルール 3 〜 **ルール 5** には**3**＞**4**＞**5**の優先順位があるよ。

ルール ③ ～ ルール ⑤ にもとづいて，化合物や多原子イオンを構成する原子の酸化数を決めたら，最後に次の2点を確認する。

・化合物を構成する原子の酸化数の総和は0になる。
・多原子イオンを構成する原子の酸化数の総和は，イオンの電荷と同じになる。

この2つは，ルールというより，前提条件になるよ。
これらのルールにもとづいて，次の酸化数を求めてみよう。

● NH_3 の窒素原子 N の酸化数
まず，求めたい窒素原子 N の酸化数を x とおく。
ルール ① ～ ルール ③ は該当しない。
ルール ④ より，化合物中の水素原子 H の酸化数は「＋1」。
前提条件より，化合物を構成する原子の酸化数の総和は「0」。
これより，次の式が成り立つ。

$$x+(+1)\times 3=0$$

これを解いて $x=-3$
よって，窒素原子 N の酸化数は「－3」

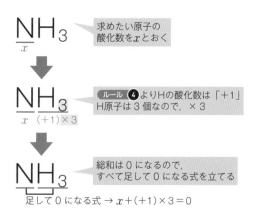

NH$_3$ 　求めたい原子の
x　　酸化数を x とおく

NH$_3$ 　ルール ④ より H の酸化数は「＋1」
x (＋1)×3　H 原子は3個なので，×3

NH$_3$ 　総和は0になるので，
　　　　すべて足して0になる式を立てる
足して0になる式 → $x+(+1)\times 3=0$

●SO_4^{2-}の硫黄原子Sの酸化数

求めたい硫黄原子Sの酸化数をxとおく。

ルール ❶ ～ ルール ❹ は該当しない。

ルール ❺ より，化合物中の酸素原子Oの酸化数は「－2」。

前提条件より，多原子イオンを構成する原子の酸化数の総和は，イオンの電荷と同じなので「－2」。これより，次の式が成り立つ。

$$x+(-2)\times 4=-2$$

これを解いて　$x=+6$

よって，硫黄原子Sの酸化数は「＋6」

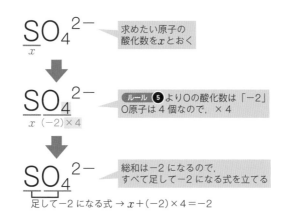

ルールを理解すれば，計算は簡単だね。
では，実際に問題を解いてみよう。

例題 次の下線部の原子の酸化数を答えよ。

(1) $\underline{I_2}$　　　(2) $\underline{Cr}^{3+}$　　　(3) $H_2\underline{S}$

(1) ルール❶より，単体中の原子の酸化数は0なので

　　ヨウ素原子Iの酸化数は「**0**」答

(2) ルール❷より，単原子イオンの酸化数は，イオンの電荷と同じなので

　　クロム原子Crの酸化数は「**＋3**」答

(3) 硫黄原子Sの酸化数をxとおく。ルール❹より，化合物中の水素原子の酸化数は「＋1」，化合物を構成する原子の酸化数の総和は0なので

　　$(+1) \times 2 + x = 0$

　　これを解いて　$x = -2$

　　よって，硫黄原子Sの酸化数は「**－2**」答

　酸化数の求め方はわかったかな？　ここで，THEME 2の冒頭で出てきた反応式の硫黄原子Sの酸化数の変化を見てみよう。

$$H_2O_2 + \underline{S}O_2 \longrightarrow H_2\underline{S}O_4$$

　まず，反応前のSO_2について，求める硫黄原子Sの酸化数をxとする。

　ルール❶〜ルール❹は該当しない。

　ルール❺より，化合物中の酸素原子の酸化数は「－2」。

　前提条件より，化合物を構成する原子の酸化数の総和は0なので，次の式が成り立つ。

　　$x + (-2) \times 2 = 0$

　　これを解いて　$x = +4$

　次に，反応後のH_2SO_4について，求める硫黄原子Sの酸化数をyとする。

ルール④，ルール⑤にもとづいて，同様に式を立てる。

$$(+1) \times 2 + y + (-2) \times 4 = 0$$

これを解いて　$y = +6$

これより，反応前のSO_2の硫黄原子Sの酸化数は「$+4$」，反応後のH_2SO_4の硫黄原子Sの酸化数は「$+6$」で，酸化数が「$+4$」から「$+6$」に増加していることがわかる。

よって，硫黄原子Sは"酸化された"ということがわかる。

$$\underset{}{H_2O_2} + \underset{(+4)}{\underline{S}O_2} \longrightarrow \underset{(+6)}{H_2\underline{S}O_4}$$

酸化数が増加
（硫黄原子Sは酸化された）

POINT　**酸化数のまとめ**

・酸化数は0以外の場合，「＋」や「－」の符号をつけて，原子1個あたりで求める。

・化合物を構成する原子の酸化数の総和は0になる。

・多原子イオンを構成する原子の酸化数の総和は，イオンの電荷と同じになる。

　構成原子の酸化数は以下のルールにしたがって求めていく。

ルール① 単体中の原子の酸化数は「0」とする。

ルール② 単原子イオンの酸化数は，イオンの電荷と同じとする。

ルール③ 化合物中のアルカリ金属の酸化数は「＋1」，2族元素は「＋2」，ハロゲンは「－1」とする。

ルール④ 化合物中の水素原子の酸化数は「＋1」とする。

ルール⑤ 化合物中の酸素原子の酸化数は「－2」とする。

※優先順位は，**③**＞**④**＞**⑤**

ここまでの内容を確認しよう。

例題 次の下線部の原子の酸化数を答えよ。

(1) $\underline{S}O_2$　　(2) $K_2\underline{Cr}O_4$　　(3) $\underline{Fe}_2O_3$　　(4) $\underline{Cr}_2O_7{}^{2-}$

(5) $H_2\underline{O}_2$　　(6) $Na\underline{H}$

(1) 求めたい硫黄原子Sの酸化数をxとおく。 ルール**5** より，化合物中の酸素原子の酸化数は「-2」，化合物を構成する原子の酸化数の総和は0なので

$$x+(-2)\times 2=0$$

　これを解いて　$x=+4$

(2) 求めたいクロム原子Crの酸化数をxとおく。 ルール**3** より，アルカリ金属(K)の酸化数は「$+1$」， ルール**5** より，酸素原子の酸化数は「-2」，酸化数の総和は0なので

カリウムKは
アルカリ金属

K_2CrO_4
$(+1)\times 2$　x　$(-2)\times 4$

$$(+1)\times 2+x+(-2)\times 4=0$$

　これを解いて　$x=+6$

(3) 求めたい鉄原子Feの酸化数をxとおく。 ルール**5** より，酸素原子の酸化数は「-2」，酸化数の総和は0なので

酸化数は原子1個
あたりで求める

Fe_2O_3
$x\times 2$　$(-2)\times 3$

$$x\times 2+(-2)\times 3=0$$

　これを解いて　$x=+3$

(4) 求めたいクロム原子Crの酸化数をxとおく。 より，酸素原子の酸化数は「－2」，多原子イオンを構成する原子の酸化数の総和は，イオンの電荷と同じなので「－2」となる。これより式を立てると

$$x \times 2 + (-2) \times 7 = -2$$

これを解いて $x = +6$

(5) 求めたい酸素原子Oの酸化数をxとおく。化合物中に水素原子と酸素原子の両方があるので， を考える。ルールの優先順位は❹＞❺なので ルール❹ より，水素原子の酸化数は「＋1」となり，酸素原子の酸化数はそれを基準に計算することになる。酸化数の総和は0なので

$$(+1) \times 2 + x \times 2 = 0$$

これを解いて $x = -1$

(6) 求めたい水素原子Hの酸化数をxとおく。化合物中にアルカリ金属(Na)と水素原子の両方があるので， ルール❸ ・ ルール❹ を考える。優先順位は❸＞❹なので， ルール❸ より，ナトリウム原子Naの酸化数は「＋1」となり，水素原子の酸化数はそれを基準に計算する。酸化数の総和は0なので

$$(+1) + x = 0$$

これを解いて $x = -1$

答 (1) ＋4　　(2) ＋6　　(3) ＋3
(4) ＋6　　(5) －1　　(6) －1

対策問題にチャレンジ

次の①〜⑥の中から酸化還元反応であるものを3つ選べ。

① $2H_2O_2 \longrightarrow 2H_2O + O_2$

② $CuO + 2HCl \longrightarrow CuCl_2 + H_2O$

③ $CaCO_3 + 2HNO_3 \longrightarrow Ca(NO_3)_2 + H_2O + CO_2$

④ $2FeCl_2 + SnCl_4 \longrightarrow 2FeCl_3 + SnCl_2$

⑤ $K_2Cr_2O_7 + 2KOH \longrightarrow 2K_2CrO_4 + H_2O$

⑥ $3NO_2 + H_2O \longrightarrow 2HNO_3 + NO$

頻出の問題。酸化還元反応とは**酸化数が変化する反応**のことだ。ただ，時間が限られている共通テストにおいて，すべての原子の酸化数を調べるのは大変だよね。そこで，次の手順でスムーズに酸化還元反応を見分けられるようになろう！

ステップ① 「単体」が出てくる反応は酸化還元反応

化学反応式の左辺，右辺どちらか1か所にでも「単体」があれば問答無用で酸化還元反応と考えてよい。単体の酸化数は「0」なので，単体があるということは，必ず酸化数の変化があると考えられるからだ。

今回は，①の右辺にO_2（単体）があるので，これが1つ目の答えとなる。

ステップ② Fe，Cr，Mnの酸化数変化をチェック

この3つは酸化数が非常に変わりやすいので，真っ先に右辺と左辺で**酸化数が変わっているかチェック**しよう。

ステップ①とステップ②を覚えておけば酸化数を調べやすいよ。

④ $\underset{+2}{2FeCl_2}$ + $SnCl_4$ $\longrightarrow$ $\underset{+3}{2FeCl_3}$ + $SnCl_2$

　酸化数変化が見られるので，酸化還元反応といえる。よって，④が2つ目の答えとなる。

⑤ $\underset{+6}{K_2Cr_2O_7}$ + $2KOH$ $\longrightarrow$ $\underset{+6}{2K_2CrO_4}$ + H_2O

　酸化数が変化していないので，酸化還元反応ではない。

ステップ❸ Sn，S，Nの酸化数変化をチェック

　この3つは，Fe，Cr，Mnに次いで酸化数が変わりやすい。ステップ❶，ステップ❷を検討しても答えがそろわなければ，チェックしよう。

③ $CaCO_3$ + $\underset{+5}{2HNO_3}$ $\longrightarrow$ $Ca(\underset{+5}{NO_3})_2$ + H_2O + CO_2

　　　　　　　　　　　$\underset{+5}{NO_3^-}$ となっている

　酸化数が変化していないので，酸化還元反応ではない。

⑥ $\underset{+4}{3NO_2}$ + H_2O $\longrightarrow$ $\underset{+5}{2HNO_3}$ + $\underset{+2}{NO}$

　酸化数変化が見られるので，酸化還元反応といえる。よって，⑥が3つ目の答えとなる（反応前のN原子3個のうち，2個が酸化され，1個が還元されている）。

　ちなみに，④はステップ❸のSnの酸化数を調べても酸化還元反応とわかる。

④ $2FeCl_2$ + $\underset{+4}{SnCl_4}$ $\longrightarrow$ $2FeCl_3$ + $\underset{+2}{SnCl_2}$

答え ①，④，⑥

THEME

3 | 酸化剤と還元剤

📖 酸化剤と還元剤のはたらきを知ろう。

📖 半反応式を書けるようになろう。

📖 酸化還元反応式を書けるようになろう。

1 | 酸化剤と還元剤

これまで学習してきたように，1つの化学反応において，酸化と還元は同時に起こるね。下の図で改めて確認しておこう。

例えば，AからBに酸素Oが渡されたとすると，Bは酸化，Aは還元されたことになるね。

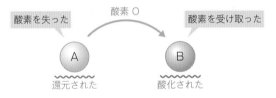

酸化されたものがあれば，同時に還元されたものもあるってことね。

その通り。この際，**反応する相手を酸化したもの**が酸化剤，**反応する相手を還元したもの**を還元剤とよぶんだ。

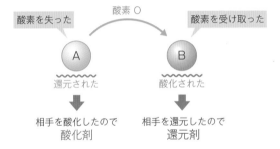

相手に与える変化で反応物としての名前が決まるのね。

　そうなんだ。自身が受ける変化と相手に与える変化が逆で，**相手を酸化する酸化剤には還元されたものが自身に含まれ，相手を還元する還元剤には酸化されたものが自身に含まれている**んだ。

2 電子の受け渡しに着目した酸化剤と還元剤

　p.201で説明したように，電子の受け渡しに着目して，酸化剤と還元剤を考えてみよう。

　電子を失って自身が酸化されるとき，同時に**相手を還元する**ことになるので，この物質は**還元剤**だ。

　逆に，電子を受け取って自身が還元されるとき，同時に**相手を酸化する**ことになるので，この物質は**酸化剤**ということになる。

　図の例では，Aが酸化剤，Bが還元剤になるね。

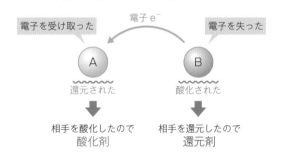

少し難しいです……。

次の例え話でイメージしてみよう！

この関係を簡単にイメージするために，次のように「サル社会の上下関係」で考えてみよう。

電子e⁻　⇒　バナナ
酸化剤　⇒　強いサル（バナナを奪うもの）
還元剤　⇒　弱いサル（バナナを奪われるもの）

 強いサルは，相手からバナナを奪い，
弱いサルは，バナナを奪われる。
この関係をイメージしておくと，酸化還元反応の
全体も，簡単にイメージすることができるよ。

イメージがつきました！

POINT　酸化剤と還元剤

酸化剤…相手を酸化するもの。電子e⁻を相手から奪う（自身
　　は還元されたものを含む）。
還元剤…相手を還元するもの。電子e⁻を相手に奪われる（自
　　身は酸化されたものを含む）。

3 　e⁻を含むイオン反応式（半反応式）

　酸化剤が電子を受け取ったあと，どう変化するか，または還元剤が電子を奪われたあと，どう変化するかを追跡したe⁻を含むイオン反応式を**半反応式**というよ。

　おおまかに書くと，次のような式になる。酸化剤は相手から電子を奪い，還元剤は相手に電子を奪われているね。

酸化剤 ＋ e⁻ → 反応後の酸化剤
還元剤 　　　 → 反応後の還元剤 ＋ e⁻

　教科書などには，いろいろな半反応式が掲載されているけれど，すべて暗記することなんてできないよね。

　でも，大丈夫！　半反応式を書くには，**それぞれの酸化剤や還元剤の変化の前後だけを覚えておけばいい**。反応前後を覚えておけば，あとはH_2O，H^+，e⁻を付け足して，自分で完成させることができるよ。

　そのために，次に挙げる酸化剤・還元剤の反応前後だけは覚えてほしい。これでも少し大変だけど，このあとも出てくる重要なものなので，一気に覚えてしまおう！

注）の情報もセットで頭に入れておくようにしよう！

① 酸化剤の反応前後

酸化剤	変化前 (反応前)		変化後 (反応後)
オゾン O_3	O_3	⟶	O_2
過酸化水素 H_2O_2 （酸性条件下）	H_2O_2	⟶	$2H_2O$
希硝酸 HNO_3 [注1]	HNO_3	⟶	NO
濃硝酸 HNO_3 [注1]	HNO_3	⟶	NO_2
過マンガン酸イオン MnO_4^- $\left(\begin{array}{c}\text{過マンガン酸カリウム}\\ KMnO_4\end{array}\right)$ [注2] （酸性条件下）	MnO_4^-（赤紫色）	⟶	Mn^{2+}（淡桃色）
二クロム酸イオン $Cr_2O_7^{2-}$ $\left(\begin{array}{c}\text{二クロム酸カリウム}\\ K_2Cr_2O_7\end{array}\right)$ [注2]	$Cr_2O_7^{2-}$	⟶	$2Cr^{3+}$
二酸化硫黄 SO_2 （相手がH_2Sのとき）	SO_2	⟶	S
熱濃硫酸 H_2SO_4 [注3]	H_2SO_4	⟶	SO_2

注1）　硝酸は濃度によって，反応後に生じる物質が異なる。

注2）　カリウムイオンK^+は酸化剤としての反応に全く関与しない
　　　ので，半反応式では省略する。

注3）　特に，e^-を奪い取る酸（濃硝酸，希硝酸，熱濃硫酸）を**酸化
　　　力のある酸**という。その他の酸（塩酸や希硫酸など）は**酸化力
　　　のない酸**という。

② 還元剤の反応前後

還元剤	変化前 (反応前)		変化後 (反応後)
鉄(Ⅱ)イオン Fe^{2+}	Fe^{2+}	⟶	Fe^{3+}
過酸化水素 H_2O_2 ^{注1)}	H_2O_2	⟶	O_2
シュウ酸 $(COOH)_2$ ($H_2C_2O_4$とも書く)	$(COOH)_2$	⟶	$2CO_2$
硫化水素 H_2S	H_2S	⟶	S
二酸化硫黄 SO_2 ^{注1)}	SO_2	⟶	SO_4^{2-}
スズ(Ⅱ)イオン Sn^{2+}	Sn^{2+}	⟶	Sn^{4+}
ヨウ化物イオン I^- (ヨウ化カリウム KI) ^{注2)}	$2I^-$	⟶	I_2
陽イオン化しやすい 金属単体 (Na、Ca、Znなど)	Na Zn	⟶ ⟶	Na^+ Zn^{2+}

注1) 過酸化水素H_2O_2と二酸化硫黄SO_2は，反応相手によって酸化剤にも還元剤にもなる。相手よりも電子を奪うはたらきが強ければ酸化剤になるし，弱ければ還元剤になる。

注2) ヨウ化カリウムのK^+は還元剤としてのはたらきに全く関与しないので，半反応式では省略する。

H₂O₂とSO₂はどちらの表にもあるんですが、どういうことですか？

反応相手によって、酸化剤にも還元剤にもなるということだよ。

　このことを、サル社会の上下関係で考えると、次のようになるよ。バナナは、より強いサルに奪われていくのがわかるかな。つまり、酸化剤・還元剤の考え方は、反応する相手と比べて、電子を奪うはたらきが強いかどうか、ということだよ。

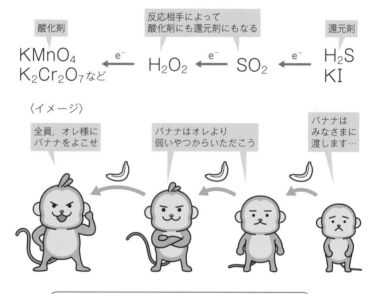

酸化剤
$KMnO_4$
$K_2Cr_2O_7$など

反応相手によって
酸化剤にも還元剤にもなる

還元剤
H_2S
KI

$KMnO_4$ $K_2Cr_2O_7$など ← e⁻ ← H_2O_2 ← e⁻ ← SO_2 ← e⁻ ← H_2S KI

〈イメージ〉

全員、オレ様にバナナをよこせ

バナナはオレより弱いやつからいただこう

バナナはみなさまに渡します…

電子を奪いやすいものは酸化剤になりやすく、電子を奪われやすいものは還元剤になりやすい。相手によって変わるんだ。

3

酸化剤と還元剤

❸ 酸化剤, 還元剤の半反応式

酸化剤, 還元剤の反応前後を確認したら, 最後にH_2O, H^+, e^-を付け足して半反応式を完成させよう。

● ニクロム酸カリウム $K_2Cr_2O_7$ の場合

❶ 反応前後の化学式を書いて矢印でつなぐ。

$$Cr_2O_7^{2-} \longrightarrow 2Cr^{3+}$$

❷ 両辺の O 原子の数が等しくなるように, H_2O を付け足す。

今回は, 左辺にO原子が7個, 右辺には0個なので, 両辺で数を等しくするために, 右辺に$7 \times H_2O$を加えるよ。

右辺に
$7H_2O$を
加える

$$Cr_2O_7^{2-} \longrightarrow 2Cr^{3+}$$
O原子7個　　　　　　　　O原子なし

$$Cr_2O_7^{2-} \longrightarrow 2Cr^{3+} + 7H_2O$$
O原子7個　　　　　　　　　　　　　　O原子7個

Oの数が等しくなった

❸ 両辺の H 原子の数が等しくなるように, H^+を付け足す。

今回は, 左辺にH原子が0個, 右辺に14個なので, 両辺で数を等しくするために左辺に$14 \times H^+$を加えるよ。

左辺に
$14H^+$を
加える

$$Cr_2O_7^{2-} \longrightarrow 2Cr^{3+} + 7H_2O$$
H原子なし　　　　　　　　　　H原子14個

$$Cr_2O_7^{2-} + 14H^+ \longrightarrow 2Cr^{3+} + 7H_2O$$
H原子14個　　　　　　　　　　　　　　H原子14個

Hの数が等しくなった

❹両辺の電荷の総和がつり合うように，e⁻を付け足す。

　今回は，左辺の電荷が＋12，右辺の電荷が＋6なので，両辺でつり合うように左辺に6×e⁻を加えるよ。

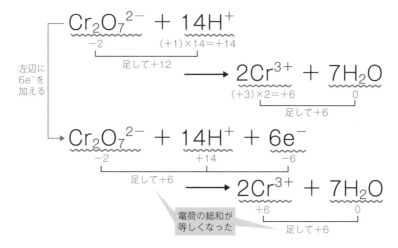

左辺に6e⁻を加える

$$Cr_2O_7^{2-} + 14H^+$$
－2　　　　(+1)×14＝+14
足して+12

$$\longrightarrow 2Cr^{3+} + 7H_2O$$
(+3)×2＝+6　　0
足して+6

$$Cr_2O_7^{2-} + 14H^+ + 6e^-$$
－2　　　　+14　　　－6
足して+6

$$\longrightarrow 2Cr^{3+} + 7H_2O$$
+6　　　0
足して+6

電荷の総和が等しくなった

3

酸化剤と還元剤

● **過酸化水素 H_2O_2（還元剤）の場合**

❶反応前後の化学式を書いて矢印でつなぐ。

$$H_2O_2 \longrightarrow O_2$$

❷両辺のO原子の数が等しくなるように，H_2O を付け足す。

　今回は，すでに両辺のO原子の数が等しいのでそのまま❸に進むよ。

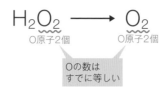

$$H_2O_2 \longrightarrow O_2$$
O原子2個　　O原子2個

Oの数はすでに等しい

❸両辺のH原子の数が等しくなるように，H⁺を付け足す。

今回は，左辺にH原子が2個，右辺には0個なので，右辺に2×H⁺を加えるよ。

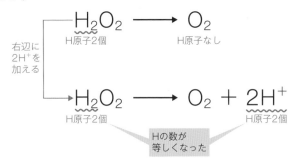

右辺に
2H⁺を
加える

$$H_2O_2 \longrightarrow O_2$$
H原子2個　　　　　　H原子なし

$$H_2O_2 \longrightarrow O_2 + 2H^+$$
H原子2個　　　　　　　　　　H原子2個

Hの数が
等しくなった

❹両辺の電荷の総和がつり合うように，e⁻を付け足す。

今回は，左辺の電荷は0，右辺の電荷が＋2なので，両辺でつり合うように，右辺に2×e⁻を加えるよ。

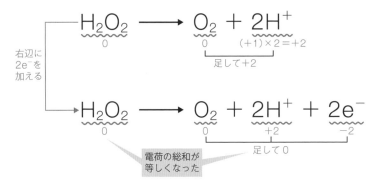

右辺に
2e⁻を
加える

$$H_2O_2 \longrightarrow O_2 + 2H^+$$
0　　　　　　　0　　(+1)×2＝+2
　　　　　　　　　　足して+2

$$H_2O_2 \longrightarrow O_2 + 2H^+ + 2e^-$$
0　　　　　　　0　　　+2　　　−2
　　　　　　　　　　足して0

電荷の総和が
等しくなった

半反応式の書き方はわかったかな？　次の半反応式を自分で完成させられるか確認しておいてね。

おもな酸化剤の半反応式

酸化剤	半反応式
オゾン O_3	$O_3 + 2H^+ + 2e^- \longrightarrow O_2 + H_2O$
過酸化水素 H_2O_2 （酸性条件下）	$H_2O_2 + 2H^+ + 2e^- \longrightarrow 2H_2O$
希硝酸 HNO_3	$HNO_3 + 3H^+ + 3e^- \longrightarrow NO + 2H_2O$
濃硝酸 HNO_3	$HNO_3 + H^+ + e^- \longrightarrow NO_2 + H_2O$
過マンガン酸イオン MnO_4^- （酸性条件下）	$MnO_4^- + 8H^+ + 5e^-$ $\longrightarrow Mn^{2+} + 4H_2O$
二クロム酸イオン $Cr_2O_7^{2-}$	$Cr_2O_7^{2-} + 14H^+ + 6e^-$ $\longrightarrow 2Cr^{3+} + 7H_2O$
二酸化硫黄 SO_2	$SO_2 + 4H^+ + 4e^- \longrightarrow S + 2H_2O$
熱濃硫酸 H_2SO_4	$H_2SO_4 + 2H^+ + 2e^- \longrightarrow SO_2 + 2H_2O$

おもな還元剤の半反応式

還元剤	半反応式
鉄（Ⅱ）イオン Fe^{2+}	$Fe^{2+} \longrightarrow Fe^{3+} + e^-$
過酸化水素 H_2O_2	$H_2O_2 \longrightarrow O_2 + 2H^+ + 2e^-$
シュウ酸 $(COOH)_2$	$(COOH)_2 \longrightarrow 2CO_2 + 2H^+ + 2e^-$
硫化水素 H_2S	$H_2S \longrightarrow S + 2H^+ + 2e^-$
二酸化硫黄 SO_2	$SO_2 + 2H_2O \longrightarrow SO_4^{2-} + 4H^+ + 2e^-$
スズ（Ⅱ）イオン Sn^{2+}	$Sn^{2+} \longrightarrow Sn^{4+} + 2e^-$
ヨウ化物イオン I^-	$2I^- \longrightarrow I_2 + 2e^-$

4 酸化還元反応式の作り方

　最後に，酸化還元反応をひとつの式にまとめてみよう。酸化還元反応式は非常に複雑で，暗記することは難しい。しかし，先程学習した半反応式を組み合わせることで，酸化還元反応式は簡単に作ることができる。

　希硫酸で酸性にした過マンガン酸カリウム$KMnO_4$溶液は強い酸化剤としてはたらく。この溶液と反応するとき，過酸化水素H_2O_2は還元剤としてはたらく。この酸化還元反応式を例に見ていこう。

● 硫酸酸性の過マンガン酸カリウム$KMnO_4$と過酸化水素H_2O_2の酸化還元反応式

ステップ❶ 酸化剤・還元剤の半反応式を書く。

$$MnO_4^- + 8H^+ + 5e^- \longrightarrow Mn^{2+} + 4H_2O \quad （酸化剤）\cdots\cdots①$$

$$H_2O_2 \longrightarrow O_2 + 2H^+ + 2e^- \quad （還元剤）\cdots\cdots②$$

ステップ❷ 電子e^-を消去して，ひとつの式にまとめる。

　①式のe^-の係数5と，②式のe^-の係数2の最小公倍数は10であるので，係数をそろえて足し合わせる（①式×2＋②式×5）。

> 電子e^-の係数をそろえて消去

$$（①式×2）\quad 2MnO_4^- + \underset{6H^+}{\underline{16H^+}} + \underline{10e^-} \longrightarrow 2Mn^{2+} + 8H_2O$$

$$+\Big)（②式×5）\qquad\qquad 5H_2O_2 \longrightarrow 5O_2 + \underline{10H^+} + \underline{10e^-}$$

$$\overline{2MnO_4^- + 6H^+ + 5H_2O_2 \longrightarrow 2Mn^{2+} + 5O_2 + 8H_2O}$$

こうしてできた式を，**イオン反応式**というよ。

ステップ③ 省略されていた陽イオンを両辺に加える。

　今回は，過マンガン酸カリウムKMnO₄を使ったので，省略されていた陽イオンはカリウムイオンK⁺だね。これを両辺に２個ずつ加えて，もとのKMnO₄に戻すよ。

　MnO_4^-は１価の陰イオンなので，１つのMnO_4^-に対して，K^+を１つ加えることになるよね。今回は，MnO_4^-が左辺に２つなので，K^+も２つ必要になるんだ。

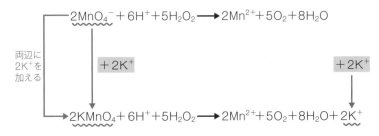

ステップ④ 省略されていた陰イオンを両辺に加え，両辺からイオンをなくして化学反応式を完成させる。

　今回は，「硫酸酸性の過マンガン酸カリウム」となっているね。**これは，硫酸H_2SO_4（厳密には希硫酸）により溶液が酸性になっている**ということだ。つまり，**溶液中には，硫酸イオンSO_4^{2-}がたくさん残っている**ということなんだ。「硫酸酸性」と出てきたら，省略されている陰イオンはSO_4^{2-}と考えていいよ。このSO_4^{2-}に残った陽イオンが結合するので，両辺にSO_4^{2-}を３個ずつ付け足すんだ。

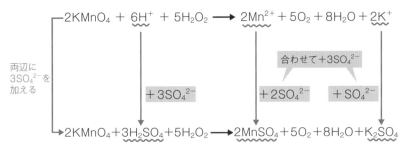

　これで，両辺からイオンがなくなったので，酸化還元反応式の完成だ。

次の酸化還元反応を化学反応式で記せ。

(1) 二酸化硫黄 SO_2 と硫化水素 H_2S を混合したときに起こる反応

(2) 硫酸酸性の過マンガン酸カリウム $KMnO_4$ 溶液に、シュウ酸 $(COOH)_2$ 水溶液を加えたときに起こる反応

(1) p.220で説明したように、SO_2 は相手が H_2S のときは酸化剤としてはたらく。では、手順にしたがって酸化還元反応式を書いていこう。

ステップ① 酸化剤・還元剤の半反応式を書く。

$$SO_2 + 4H^+ + 4e^- \longrightarrow S + 2H_2O \quad (酸化剤) \quad \cdots\cdots\cdots ①$$

$$H_2S \longrightarrow S + 2H^+ + 2e^- \quad (還元剤) \quad \cdots\cdots ②$$

ステップ② 電子 e^- を消去して、ひとつの式にまとめる。

①式の e^- の係数は4、②式の e^- の係数は2なので、②式に2を掛けて係数をそろえ、足し合わせて e^- を消去する。

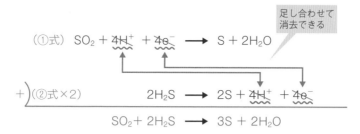

足し合わせて消去できる

（①式） $SO_2 + 4H^+ + 4e^- \longrightarrow S + 2H_2O$

$+$）（②式×2） $2H_2S \longrightarrow 2S + 4H^+ + 4e^-$

$SO_2 + 2H_2S \longrightarrow 3S + 2H_2O$

省略されていたイオンはないので、これで化学反応式は完成。

(2) 同様に，手順通りに解いていくよ。

ステップ① **酸化剤・還元剤の半反応式を書く。**

$$MnO_4^- + 8H^+ + 5e^- \longrightarrow Mn^{2+} + 4H_2O \qquad (酸化剤)\ \cdots\cdots①$$

$$(COOH)_2 \longrightarrow 2CO_2 + 2H^+ + 2e^- \quad (還元剤)\ \cdots\cdots②$$

ステップ② **電子e^-を消去して，ひとつの式にまとめる。**

①式と②式のe^-の係数をそろえて足し合わせ，e^-を消去する。
（①式×2＋②式×5）

$$(①式×2)\ 2MnO_4^- + \underset{6H^+}{\cancel{16H^+}} + \cancel{10e^-} \longrightarrow 2Mn^{2+} + 8H_2O$$

$$+\Big)(②式×5) \qquad\qquad 5(COOH)_2 \longrightarrow 10CO_2 + \cancel{10H^+} + \cancel{10e^-}$$

$$2MnO_4^- + 6H^+ + 5(COOH)_2 \longrightarrow 2Mn^{2+} + 8H_2O + 10CO_2$$

イオン反応式

ステップ③ **省略されていた陽イオンを両辺に加える。**

省略されていた陽イオンはカリウムイオンK^+だね。

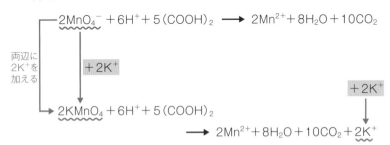

$$2MnO_4^- + 6H^+ + 5(COOH)_2 \longrightarrow 2Mn^{2+} + 8H_2O + 10CO_2$$

両辺に
$2K^+$を
加える

$+2K^+$

$+2K^+$

$$2KMnO_4 + 6H^+ + 5(COOH)_2$$

$$\longrightarrow 2Mn^{2+} + 8H_2O + 10CO_2 + 2K^+$$

ステップ **4** 省略されていた陰イオンを両辺に加え，両辺からイオンをなくして化学反応式を完成させる。

「硫酸酸性」なので，省略されていた陰イオンはSO_4^{2-}だね。

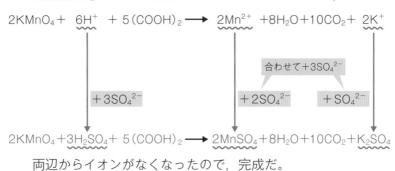

$$2KMnO_4 + 6H^+ + 5(COOH)_2 \longrightarrow 2Mn^{2+} + 8H_2O + 10CO_2 + 2K^+$$

合わせて$+3SO_4^{2-}$

$+3SO_4^{2-}$　　　$+2SO_4^{2-}$　　　$+SO_4^{2-}$

$$2KMnO_4 + 3H_2SO_4 + 5(COOH)_2 \longrightarrow 2MnSO_4 + 8H_2O + 10CO_2 + K_2SO_4$$

両辺からイオンがなくなったので，完成だ。

答 (1)　$SO_2 + 2H_2S \rightarrow 3S + 2H_2O$

(2)　$2KMnO_4 + 3H_2SO_4 + 5(COOH)_2$

$\rightarrow 2MnSO_4 + 8H_2O + 10CO_2 + K_2SO_4$

4 酸化還元反応の量的関係

ここで
きめる！

📖 酸化還元反応の量的関係を計算できるようになろう。

1 電子e⁻に着目した酸化還元反応の量的関係

> これまで学習してきたように，酸化還元反応は「電子e⁻の奪い合い」で説明することができるね。

> 酸化剤は電子を奪い取るもので，還元剤は電子を奪われるものです。

　そうだったね。酸化還元反応式全体で考えると，**酸化剤が奪った電子の数（物質量）と，還元剤が奪われた電子の数（物質量）は等しくなる**よ。

> サルの関係でいうと，強いサル(酸化剤)が奪い取ったバナナの数と，弱いサル(還元剤)が奪われたバナナの数は同じということだよ。

バナナ3本
ゲット！

バナナ3本
取られた～

バナナの数自体は，増えたり減ったりしないですね。

　酸化剤が奪った電子の物質量や，還元剤が奪われた電子の物質量は，SECTION 4「酸・塩基」の中和の量的関係(p.171～)で学習したのと同じように，求めることができる。

> 酸化剤が奪い取る電子 e^- の物質量〔mol〕
> 　　　　　　　＝酸化剤の価数×酸化剤の物質量〔mol〕
> 還元剤が奪われる電子 e^- の物質量〔mol〕
> 　　　　　　　＝還元剤の価数×還元剤の物質量〔mol〕

　酸化還元反応において，価数は，1 mol から出入りする e^- の物質量で「**半反応式の電子 e^- の係数**」と考えればいい。

●**過マンガン酸カリウムの半反応式**
$$MnO_4^- + 8H^+ + 5e^- \longrightarrow Mn^{2+} + 4H_2O$$
　　　　　　　　　➡ MnO_4^- は**5価**の酸化剤

●**過酸化水素の半反応式**
$$H_2O_2 \longrightarrow O_2 + 2H^+ + 2e^-$$
　　　　➡ H_2O_2 は**2価**の還元剤

　冒頭で学習した通り，**酸化剤が奪った電子の数（物質量）と還元剤が奪われた電子の数（物質量）は等しい**ので，酸化還元反応が起こるときの量的関係は，以下のようにまとめることができる。

> **酸化還元反応の量的関係**
> 酸化剤の価数×酸化剤の物質量〔mol〕
> 　　酸化剤が奪い取る e^- の物質量〔mol〕
> 　　　　　　　＝還元剤の価数×還元剤の物質量〔mol〕
> 　　　　　　　　　還元剤が奪われる e^- の物質量〔mol〕

つまり，酸化剤の価数と物質量，還元剤の価数と物質量がわかればいいってことだね。

2 酸化還元滴定

酸化剤と還元剤の物質量の関係式を使うと，濃度不明の酸化剤や還元剤の濃度〔mol/L〕を，滴定実験から求めることができる。この滴定を，**酸化還元滴定**というんだ。

用いるガラス器具や操作手順などは，SECTION 4で学習した中和滴定（p.178～）と同じなんだけど，**指示薬に大きな違い**がある。

中和滴定では，「フェノールフタレイン」や「メチルオレンジ」といった指示薬を使ったよね。酸化還元滴定（過マンガン酸カリウムKMnO₄水溶液を用いるもの）では**指示薬は不要**なんだ。

なぜかというと，酸性条件下で**過マンガン酸イオンMnO₄⁻は「赤紫色」**であるのに対して，反応後にできる**マンガン(Ⅱ)イオンMn²⁺は「ほぼ無色」**であり，指示薬を入れなくても反応前後で溶液の色が変わるからなんだ。**過マンガン酸イオン自身が指示薬になっている**ということだね。

例えば，濃度のわからない過酸化水素H₂O₂の水溶液に，濃度がわかっている過マンガン酸カリウムKMnO₄水溶液を滴下していく場合，滴定の終点は「**うすい赤色がついて，赤紫色が消失しなくなったところ**」だよ。

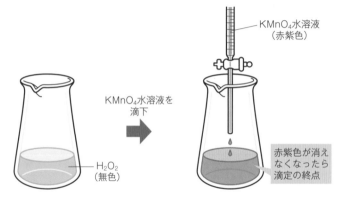

POINT 酸化還元滴定の量的関係

酸化剤の価数×酸化剤の物質量〔mol〕

酸化剤が奪い取る e^- の物質量〔mol〕

＝還元剤の価数×還元剤の物質量〔mol〕

還元剤が奪われる e^- の物質量〔mol〕

では，実際に酸化還元反応の量的関係を計算してみよう！

 例題 酸性溶液中の過マンガン酸イオン MnO_4^- と，シュウ酸 $(COOH)_2$ の半反応式は次の通りである。

$$MnO_4^- + 8H^+ + 5e^- \longrightarrow Mn^{2+} + 4H_2O$$

$$(COOH)_2 \longrightarrow 2CO_2 + 2H^+ + 2e^-$$

硫酸酸性下で，濃度不明のシュウ酸水溶液 10 mLに，0.040 mol/Lの過マンガン酸カリウム水溶液を少量ずつ加えたところ，シュウ酸と過不足なく反応するのに20 mL必要だった。シュウ酸の濃度〔mol/L〕を求めよ。

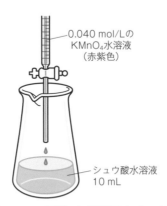

0.040 mol/Lの
KMnO₄水溶液
（赤紫色）

シュウ酸水溶液
10 mL

酸化還元反応において，価数は「半反応式の電子 e^- の係数」だったね。

$$MnO_4^- + 8H^+ + 5e^- \longrightarrow Mn^{2+} + 4H_2O$$

➡ MnO_4^- は **5価** の酸化剤

$$(COOH)_2 \longrightarrow 2CO_2 + 2H^+ + 2e^-$$

➡ $(COOH)_2$ は **2価** の還元剤

求めたいシュウ酸の濃度を x〔mol/L〕とおくと，次の式が成り立つ。

$$5 \times 0.040〔\text{mol/L}〕\times \frac{20}{1000}〔\text{L}〕 = 2 \times x〔\text{mol/L}〕\times \frac{10}{1000}〔\text{L}〕$$

<u>価数</u>　<u>過マンガン酸カリウムの物質量</u>　<u>価数</u>　<u>シュウ酸の物質量</u>

これを解くと　$x = \mathbf{0.20〔mol/L〕}$　答

次の過去問も，同様にできるからやってみよう。

過去問 にチャレンジ

　濃度未知の $SnCl_2$ の酸性水溶液 200 mL がある。これを 100 mL ずつに分け，それぞれについて Sn^{2+} を Sn^{4+} に酸化する実験を行った。一方の $SnCl_2$ 水溶液中のすべての Sn^{2+} を Sn^{4+} に酸化するのに，0.10 mol/L の $KMnO_4$ 水溶液が 30 mL 必要であった。もう一方の $SnCl_2$ 水溶液中の Sn^{2+} を Sn^{4+} に酸化するとき，必要な 0.10 mol/L の $K_2Cr_2O_7$ 水溶液の体積は何 mL か。最も適当な数値を，下の①〜⑤のうちから1つ選べ。ただし，MnO_4^- と $Cr_2O_7^{2-}$ は酸性水溶液中でそれぞれ次のように酸化剤としてはたらく。

$$MnO_4^- + 8H^+ + 5e^- \longrightarrow Mn^{2+} + 4H_2O$$
$$Cr_2O_7^{2-} + 14H^+ + 6e^- \longrightarrow 2Cr^{3+} + 7H_2O$$

①　5　　②　18　　③　25　　④　36　　⑤　50

（2005年度センター追試験）

今回の実験を図示してみよう。

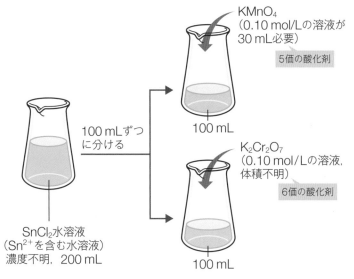

KMnO₄
（0.10 mol/Lの溶液が
30 mL必要）

5価の酸化剤

100 mL

100 mLずつ
に分ける

K₂Cr₂O₇
（0.10 mol/Lの溶液，
体積不明）

6価の酸化剤

100 mL

SnCl₂水溶液
（Sn²⁺を含む水溶液）
濃度不明，200 mL

$SnCl_2$水溶液中のSn^{2+}は還元剤として，

$Sn^{2+} \longrightarrow Sn^{4+} + \underline{2e^-}$と反応する（2価の還元剤）ことを確認しておこう。

まずは，$SnCl_2$と$KMnO_4$の反応に対して，p.231の公式を使ってみよう。

$SnCl_2$の濃度をx〔mol/L〕とおくと

$$\underset{\text{価数}}{2} \times \underset{\text{SnCl}_2\text{の物質量〔mol〕}}{x\text{〔mol/L〕} \times \frac{100}{1000}\text{〔L〕}} = \underset{\text{価数}}{5} \times \underset{\text{KMnO}_4\text{の物質量〔mol〕}}{0.10\text{ mol/L} \times \frac{30}{1000}\text{〔L〕}}$$

これを解いて $x = 0.075$〔mol/L〕

これで$SnCl_2$水溶液の濃度がわかったので，次はこの値を使って，$K_2Cr_2O_7$との反応に対して公式を適用するよ。

求める$K_2Cr_2O_7$水溶液の体積をV〔mL〕とおくと

$$\underset{\text{価数}}{2} \times \underset{\text{SnCl}_2\text{の物質量〔mol〕}}{0.075\text{〔mol/L〕} \times \frac{100}{1000}\text{〔L〕}} = \underset{\text{価数}}{6} \times \underset{\text{K}_2\text{Cr}_2\text{O}_7\text{の物質量〔mol〕}}{0.10 \times \frac{V}{1000}\text{〔L〕}}$$

これを解いて $V = \textbf{25 mL}$

答え ③

5 | 金属のイオン化傾向

ここで
きめる！

- 📖 金属のイオン化列を覚えよう。
- 📖 金属と酸の反応を知ろう。
- 📖 金属と空気の反応を知ろう。
- 📖 金属と水の反応を知ろう。
- 📖 金属と金属イオンの反応を知ろう。

1 | 金属のイオン化傾向

　亜鉛Znを希塩酸HClの中に入れると，水素H_2が発生すると同時に，亜鉛は溶解する。このとき，亜鉛は電子e^-を放出して，亜鉛イオンZn^{2+}（陽イオン）になり溶け出している。しかし，銅Cuを希塩酸の中に入れても，反応は起こらない。このように，金属によって酸への反応性には違いがあるんだ。

　水溶液中で，**金属が陽イオンになろうとする性質**を，**金属のイオン化傾向**という。先ほどの実験で見てみると，亜鉛Znは希塩酸中でZn^{2+}（陽イオン）になったよね。つまり，亜鉛Znのほうが，銅Cuよりも「イオン化傾向が大きい」ということだよ。

亜鉛Zn　　　　　　　　　　　銅Cu

反応しない

亜鉛が溶けて
水素が発生

希塩酸HCl

亜鉛は溶け出しているけど，
銅は何も反応が起こっていないね。

2　金属のイオン化列

　次の表を見てほしい。これは，金属をイオン化傾向の大きな順に
並べたもので，**金属のイオン化列**という。金属と水溶液の反応は，
イオン化傾向を用いて考えるよ。**イオン化傾向の大きい金属ほど
陽イオンになりやすい**，つまり，**電子e⁻を失って酸化されやす
い**ということだ。

イオン化傾向 大　　　　　　　　　　　　　イオン化傾向 小

Li	K	Ca	Na	Mg	Al	Zn	Fe	Ni	Sn	Pb	(H₂)	Cu	Hg	Ag	Pt	Au
リチウム	カリウム	カルシウム	ナトリウム	マグネシウム	アルミニウム	亜鉛	鉄	ニッケル	スズ	鉛	水素	銅	水銀	銀	白金	金

リッチにかりる　か　な　ま　あ　あ　て　に　すん　な　ひ　ど　す　ぎる　借　金

語呂合わせで覚えていこう。

3　金属と酸の反応

　それでは，具体的に，金属と酸の反応を見ていこう。
　金属と酸の反応においては，**金属のイオン化傾向が水素Hより
大きいか小さいかで，反応のしかたが大きく変わる**よ。

❶ 水素Hよりイオン化傾向が大きい金属と酸の反応

　まずは水素Hよりイオン化傾向が大きい金属と酸との反応を見
てみよう。

| Li | K | Ca | Na | Mg | Al | Zn | Fe | Ni | Sn | Pb | (H₂) | Cu | Hg | Ag | Pt | Au |

希塩酸・希硫酸などの酸に溶け，水素を発生

　水素よりもイオン化傾向が大きい金属は，水素よりも陽イオンに
なりやすい。そのため，希塩酸や希硫酸などの酸と反応して，**金
属の陽イオンを生じ，水素H_2を発生する**。

　亜鉛と希塩酸の反応を例に，詳しく見てみよう。亜鉛Znを希塩
酸HClに入れると，亜鉛が溶け出し，水素H_2が発生する。亜鉛が
溶け出したのは，**亜鉛のほうが水素よりもイオン化傾向が大きく，
陽イオンになりやすい**ため，水溶液中で亜鉛イオンZn^{2+}になった
からだ。そして，亜鉛が放出した電子e^-を，水溶液中の水素イオ
ンH^+が受け取って水素が発生するからなんだ。

$$Zn \longrightarrow Zn^{2+} + 2e^-$$
$$2H^+ + 2e^- \longrightarrow H_2$$

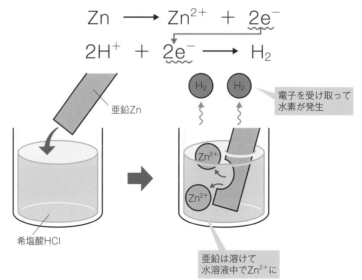

亜鉛Zn

電子を受け取って
水素が発生

希塩酸HCl

亜鉛は溶けて
水溶液中でZn^{2+}に

"亜鉛が塩酸に溶けた"ということは，つまり，"亜
鉛が塩酸中で亜鉛イオンになった"ということだ
よ！

❷ 水素Hよりイオン化傾向が小さい金属（Cu，Hg，Ag）と酸の反応

　次に，水素Hよりイオン化傾向が小さい銅Cu，水銀Hg，銀Agなどの金属と酸との反応を見てみよう。

Li	K	Ca	Na	Mg	Al	Zn	Fe	Ni	Sn	Pb	(H₂)	Cu	Hg	Ag	Pt	Au

酸化力のある酸（熱濃硫酸・濃硝酸・希硝酸など）に溶ける

　例えば，希塩酸HClに銅Cuを入れても，何も反応が起こらない。これは，銅よりも水素のほうが陽イオンになりやすいため，銅が銅イオンになれないからなんだ。

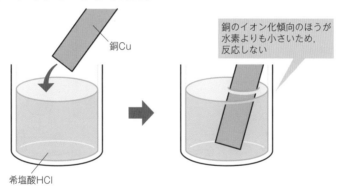

銅Cu

銅のイオン化傾向のほうが水素よりも小さいため，反応しない

希塩酸HCl

つまり，水溶液中では，希塩酸HClがH⁺とCl⁻に電離（＝水素が水素イオンとして存在）するだけで，銅は何も反応しない。

SECTION

5

酸化還元反応

Cu，Hg，Agは，酸とはまったく反応しないの
ですか？

　これらの金属は，酸が放出した水素イオンH$^+$と反応することは
ない。でも，**酸化力のある酸とは反応する**んだよ。酸化力のある
酸とは**相手から電子e$^-$を奪う力をもった酸**で，具体的には「**熱
濃硫酸**」，「**濃硝酸**」，「**希硝酸**」の３つだったね。

　これまでは，金属と水素のイオン化傾向の大きさを比べて，大き
いほうが陽イオンになっていたね。酸化力のある酸においては，**金
属から直接，電子e$^-$を奪い取って陽イオンにしてしまう**んだ。
つまり，金属は溶液中に溶け出していくけど，水素イオンは電子e$^-$
を受け取らないため，水素H$_2$は発生しないということだ。このとき，
生じる気体は反応する酸の種類によって異なるよ。

5

金属のイオン化傾向

熱濃硫酸と反応すると，二酸化硫黄SO$_2$
濃硝酸と反応すると，二酸化窒素NO$_2$ } **が生じる。**
希硝酸と反応すると，一酸化窒素NO

同じ硝酸でも
濃度が違うと
発生する気体
が違う

熱濃硫酸H$_2$SO$_4$ 　　濃硝酸HNO$_3$ 　　希硝酸HNO$_3$

水素イオンH$^+$と反応するわけではないので，H$_2$
は生じないよ！

❸ イオン化傾向が非常に小さい金属（**Pt, Au**）と酸の反応

最後に，イオン化傾向が非常に小さい金属（白金Pt，金Au）と酸との反応を見てみよう。

Li	K	Ca	Na	Mg	Al	Zn	Fe	Ni	Sn	Pb	(H₂)	Cu	Hg	Ag	Pt	Au

王水に
溶ける

白金Ptや金Auのような，イオン化傾向が非常に小さい金属は，酸化力のある酸にも溶けない。これらの金属を溶かすことができるのは，**王水**と呼ばれる液体だけだ。

王水は**濃硝酸と濃塩酸を１：３（体積比）で混合した溶液**だよ。

"一生・三円"と覚えておこう！

1濃硝酸　3濃塩酸

王水は，イオン化傾向が非常に小さいPtやAuをはじめ，ほとんどの金属を溶かすことができるよ。

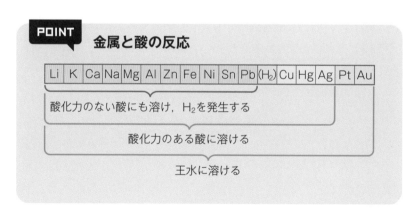

POINT　**金属と酸の反応**

Li	K	Ca	Na	Mg	Al	Zn	Fe	Ni	Sn	Pb	(H₂)	Cu	Hg	Ag	Pt	Au

酸化力のない酸にも溶け，H₂を発生する

酸化力のある酸に溶ける

王水に溶ける

実は，例外的に濃硝酸に溶けない金属もあるんだ。

　アルミニウムAl，**鉄Fe**，**ニッケルNi**の3つの金属は，イオン化傾向がHよりも大きいが，例外的に濃硝酸に溶けない。これは，濃硝酸に酸化されて生じる金属の酸化物が，内部を保護する被膜を作るからだ。被膜は，非常に目が細かく丈夫で，金属をバリアのように覆ってしまうので，それ以上金属は溶けなくなってしまうんだ。この状態を**不動態**と呼ぶよ。

 濃硝酸中で不動態となる金属は
" 手 に あるものは不動態" と覚えよう！
　鉄┬アルミニウム
　ニッケル

COLUMN　**鉛Pbは希塩酸や希硫酸に溶けない**

　鉛Pbは，イオン化傾向がHよりも大きな金属であるが，例外的に希塩酸と希硫酸にほとんど溶けない。これは，これらの酸とPbが反応した際に生じる塩化鉛（Ⅱ）$PbCl_2$や硫酸鉛（Ⅱ）$PbSO_4$が水に溶けず，Pbの表面を覆ってしまうためである。表面を覆われたPbは，それ以上酸と反応できなくなるんだ。

4 金属と水の反応

水は，ごくわずかだけど電離して水素イオン H^+ を放出している。

ごくわずかに
水素イオンを放出

$$H_2O \ \rightleftharpoons \ H^+ + OH^-$$

イオン化傾向が大きい金属を水に入れると，金属は，水が放出する H^+ と反応するんだ。もちろん，このとき発生する気体は水素 H_2 だ。

酸との反応と同じように，イオン化傾向の大きさによって，金属と水との反応性が異なるよ。イオン化傾向が小さな金属から順に，見てみよう！

① イオン化傾向がNi以下の金属と水の反応

イオン化傾向が**Ni以下の金属は，温度に関係なく水とは反応しない**。これらの金属は，イオン化傾向が小さく，反応性が小さいからだ。

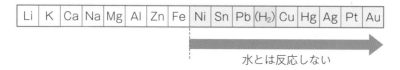

| Li | K | Ca | Na | Mg | Al | Zn | Fe | Ni | Sn | Pb | (H₂) | Cu | Hg | Ag | Pt | Au |

水とは反応しない

Ni，Sn，Pbは，Hよりもイオン化傾向が大きいけど，水の放出する H^+ はごくわずかなので，水とは反応しないんだ。

② イオン化傾向がFe以上の金属と水の反応

イオン化傾向が**Fe以上の金属**は，反応性が大きくなり，**高温の水蒸気と反応する**。発生する気体は，水素H_2だ。

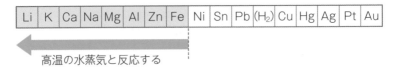

高温の水蒸気と反応する

③ イオン化傾向がMg以上の金属と水の反応

イオン化傾向が**Mg以上の金属**は，さらに反応性が大きくなり，**高温の水蒸気に加え，熱水とも反応**する。発生する気体は，水素H_2だ。

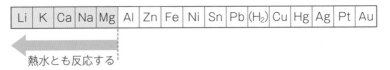

熱水とも反応する

イオン化傾向が大きいほど，反応可能な水の温度は低くなる。
つまり，反応性が大きくなるということだね。

④ イオン化傾向がNa以上の金属と水の反応

イオン化傾向が**Na以上の金属**は，反応性がいちばん大きく，**高温の水蒸気，熱水に加え，冷水とも反応**する。発生する気体は，水素H_2だ。

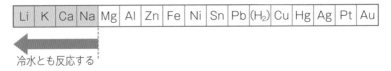

冷水とも反応する

イオン化傾向が大きければ大きいほど水との反応性も大きいよ！
水との反応で発生する気体は，すべてH₂だ。

POINT 　**金属と水の反応**

Li	K	Ca	Na	Mg	Al	Zn	Fe	Ni	Sn	Pb	(H₂)	Cu	Hg	Ag	Pt	Au

冷水とも反応する　　　　　　　　　　温度に関係なく水とは反応しない

熱水とも反応する

高温の水蒸気と反応する

反応で発生する気体はすべて，水素H_2

5　金属と空気中の酸素との反応

　イオン化傾向が大きい金属ほど陽イオンになりやすいということは，言い換えると，電子e^-を失って酸化されやすいということだね。つまり，イオン化傾向が大きくなるほど，空気中の酸素とも反応しやすくなるんだ。

　イオン化傾向がNa以上の金属…**乾燥した空気中で速やかに酸化される**

　Al以上の金属…**加熱により酸化される**

　Hg以上の金属…**強熱（高温で加熱）すると酸化される**

　Ag，Pt，Au…**空気中で酸化されない**

Ag，Pt，Auのような金属を，さびない貴重な金属という意味で「貴金属」というんだ。

POINT 金属と空気の反応

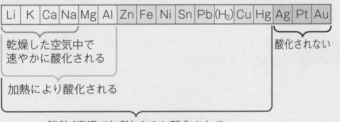

| Li | K | Ca | Na | Mg | Al | Zn | Fe | Ni | Sn | Pb | (H₂) | Cu | Hg | Ag | Pt | Au |

乾燥した空気中で
速やかに酸化される

酸化されない

加熱により酸化される

強熱（高温で加熱）すると酸化される

6 金属と金属イオンとの反応

　これまで，金属と酸，金属と水，金属と酸素の反応を見てきたね。最後に，金属と金属イオンとの反応を見ていこう。

　銅（Ⅱ）イオン Cu^{2+} を含んだ水溶液に，亜鉛板を入れた場合を考えてみよう。亜鉛 Zn は銅 Cu よりイオン化傾向が大きい。つまり，Zn のほうが陽イオンになりやすいということだね。

$$Zn \longrightarrow Zn^{2+} + 2e^-$$

$$Cu^{2+} + 2e^- \longrightarrow Cu$$

$$Zn + Cu^{2+} \longrightarrow Zn^{2+} + Cu$$

陽イオンと　固体として
なり溶ける　析出

鉄は Fe^{2+} となって水溶液中に溶け出すよ。

亜鉛板(Zn)

Cuが析出

CuSO₄

　Znは，Cuよりイオン化傾向が大きいため，陽イオン化して（酸化されて）溶液中に溶け出す。一方，Cu^{2+}は還元されて単体に戻り，固体として析出する。このときに析出した銅Cuの結晶は，**銅樹**と呼ばれる。樹木の枝が伸びるように析出することに由来するよ。

　このように，金属の陽イオンを含んだ水溶液に，その金属よりイオン化傾向が大きい金属を入れると，溶液中の金属の陽イオンは，単体となって樹木の枝のように析出する。これを，**金属樹**と呼ぶ。

POINT **金属と金属イオンの反応**

　金属イオンを含んだ水溶液に，よりイオン化傾向が大きい金属の単体を浸すと，溶液中の金属イオンが還元され，単体となり析出する(金属樹)。

$$A^{n+} + B \longrightarrow \underset{析出}{A} + B^{n+}$$

※イオン化傾向はA＜Bで，反応前後でイオン化したときの価数が同じ場合

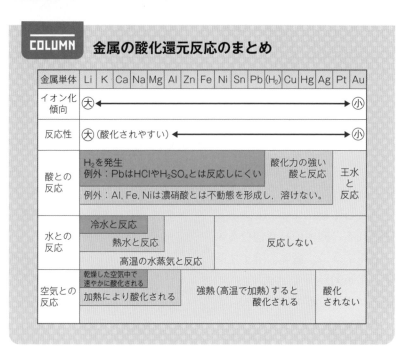

金属単体	Li	K	Ca	Na	Mg	Al	Zn	Fe	Ni	Sn	Pb	(H₂)	Cu	Hg	Ag	Pt	Au

ここまでの内容を問題で確認しよう！

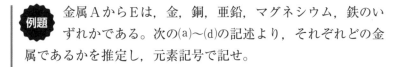

例題 金属AからEは，金，銅，亜鉛，マグネシウム，鉄のいずれかである。次の(a)〜(d)の記述より，それぞれどの金属であるかを推定し，元素記号で記せ。

(a) A, B, Cは希硫酸に溶けて水素を発生するが，DとEは溶けない。

(b) 熱水と反応し水素を発生するものはCだけである。

(c) Aの陽イオンを含む水溶液にBを浸すと，Bの表面にAが析出する。

(d) Dは濃硝酸に溶けて二酸化窒素を発生するが，Eは溶けない。

金属のイオン化傾向と反応性から，金属を特定していく問題だ。イオン化列は頭に入っているかな？

イオン化傾向 大

イオン化傾向 小

| Li リチウム | K カリウム | Ca カルシウム | Na ナトリウム | Mg マグネシウム | Al アルミニウム | Zn 亜鉛 | Fe 鉄 | Ni ニッケル | Sn スズ | Pb 鉛 | (H₂) 水素 | Cu 銅 | Hg 水銀 | Ag 銀 | Pt 白金 | Au 金 |

リッチに かりる か な ま あ あて に すん な ひ ど すぎる 借 金

(a) A，B，Cは水素Hよりイオン化傾向が大きい亜鉛Zn，鉄Fe，マグネシウムMgのいずれかであり，D，Eは水素Hよりイオン化傾向が小さい銅Cu，金Auのいずれかであることがわかる。

(b) 熱水と反応して水素を発生するのは，Mgよりイオン化傾向が大きい金属なので，**CはMg**と特定できる。

(c) Aが析出したということは，AよりもBのほうが陽イオンになりやすいということだね。

$$A^{n+} + B \longrightarrow \underset{析出}{A} + B^{n+}$$

よって，イオン化傾向はB＞Aとなる。(a)，(b)より，AとBはZnとFeに絞られているので，イオン化傾向が大きい**BがZn**，小さい**AがFe**とわかる。

(d) 残る2つのうち，濃硝酸に溶ける**DがCu**，溶けない**EがAu**だ。Auは王水にしか溶けないんだったね。

A：Fe B：Zn C：Mg D：Cu E：Au 答

THEME

6 | 電池の原理

ここで
きめる!

📖 電池のしくみを知ろう。

📖 ダニエル電池について理解しよう。

📖 二次電池の充電方法を知ろう。

電池ってどんなしくみなんですか？

 実は電池はこれまで勉強してきた酸化剤と還元剤を利用しているんだ。

えっ，電池って酸化還元反応を利用しているの!?

　うん。**酸化剤は電子e⁻を奪うもの**で，**還元剤は電子e⁻を奪われるもの**だったね。もし酸化剤と還元剤が接触しているとすると，**還元剤から酸化剤側に向かって電子e⁻が移動する**ね。

電池はこの変化をうまく利用したもので，ざっくりいうと酸化剤と還元剤をセパレートして，導線でつなぐと電池になるんだ。まずはそのしくみについて，しっかり学んでいくよ。

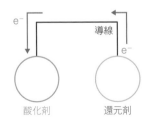

1 電池のしくみ

電池において，**電子e⁻が流れ出て酸化反応が起こる**電極が**負極**，**電子e⁻が流れ込んで還元反応が起こる電極**を正極という。

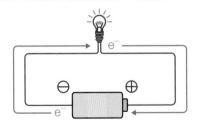

電池の正極と負極で電子のやり取りをする物質を**活物質**とよぶんだ。また，正極と負極の間に生じる電位の差（電圧）を，**起電力**というよ。

電子と電流の流れは，逆になるよ！
電子は負極から正極へ，電流は正極から負極へと流れるんだったね。

2 ダニエル電池（起電力は1.1V）

ダニエル電池は2つの金属（亜鉛Znと銅Cu）の**イオン化傾向の大きさの違い**を利用した電池だ。図のように**銅板を硫酸銅（Ⅱ）CuSO₄水溶液に浸したもの**と，**亜鉛板を硫酸亜鉛ZnSO₄水溶液に浸したもの**とを，素焼き板で隔てたものがダニエル電池だ。

陽イオンへのなりやすさの程度であるイオン化傾向はZn>Cuなので，ダニエル電池では陽イオンとなって電子を放出する**負極がZn板，正極がCu板**となる。負極では**Znが電子を放出（酸化）してZn²⁺として溶出**し，正極では**Cu²⁺が電子を受け取り（還元），Cuが析出**するんだ。

> その結果，負極の質量は減少し，正極の質量は増加するよ。

また，素焼き板を通って**Zn²⁺が正極側に，SO₄²⁻が負極側に移動**し，両溶液の電荷のつり合いが保たれるんだ。イオンの移動がないと負極側の水溶液は陽イオンが過剰，正極側の水溶液は陰イオンが過剰となってしまい，荷電粒子である電子の移動ができなくなります。

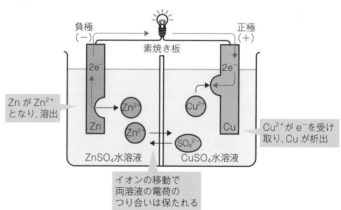

左ページの図からもわかるように，ダニエル電池の**負極活物質はZn，正極活物質はCu^{2+}**で，その変化，および電池全体の反応は次のように表せる。これはしっかり覚えよう。

負極　　$Zn \rightarrow Zn^{2+} + 2e^-$

正極　　$Cu^{2+} + 2e^- \rightarrow Cu$

電池全体　$Zn + Cu^{2+} \rightarrow Cu + Zn^{2+}$

　また，ダニエル電池の構成は次のように表され，これを**電池式**というよ。

$$(-)Zn \mid ZnSO_4aq \mid CuSO_4aq \mid Cu(+)$$

負極　　　電解液　　　隔膜　　　電解液　　　正極

> ダニエル電池では正極側でCu^{2+}が減少していくので，CuSO$_4$水溶液の濃度を大きくしておくと，電流を長く流せるよ！

3　いろいろな電池

　電池を用いて，電子を外部回路に流すことを**放電**という。放電し続けると，電極での酸化還元反応が進み，起電力が低下する。このとき，**低下した起電力を回復することができない電池**を**一次電池**というよ。それに対して，**自動車のバッテリーに用いられる鉛蓄電池**や**ノートパソコンやスマホに用いられるリチウムイオン電池**は低下した起電力を回復させることができ，この操作を**充電**といい，**充電可能な電池**を**二次電池**または**蓄電池**というよ。

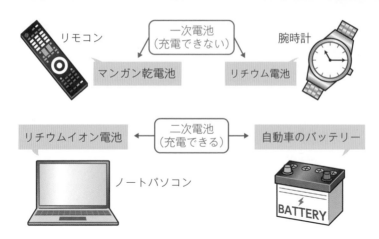

　充電の際には電池を外部電源につなぎ，**放電とは逆向きに電子を流すと，放電の時とは逆向きの反応が起こり**，起電力を回復させることができる。携帯やパソコンのバッテリーが少なくなったときに，家庭用コンセントにつなぐと再び使えるようになるよね。これは低下していた起電力が回復したからだ。

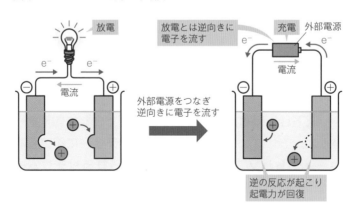

　金属Aの板を入れたAの硫酸塩水溶液と，金属Bの板を入れたBの硫酸塩水溶液を素焼き板で仕切って作製した電池を図1に示す。素焼き板は，両方の水溶液が混ざるのを防ぐが，水溶液中のイオンを通すことができる。この電池の全体の反応は，次式によって表される。

$$A + B^{2+} \rightarrow A^{2+} + B$$

　この電池に関する記述として**誤りを含むもの**はどれか。最も適当なものを，後の①～④のうちから一つ選べ。

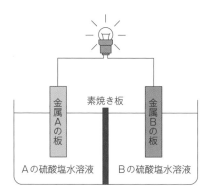

図1　電池の模式図

① 　金属Aの板は負極としてはたらいている。

② 　2 molの金属Aが反応したときに，1 molの電子が電球を流れる。

③ 　反応によって，B^{2+} が還元される。

④ 　反応の進行にともない，金属Aの板の質量は減少する。

（2022年度共通テスト本試験・改）

この電池はダニエル電池と同様に，酸化される（陽イオンとなって溶け出す）**Aが負極活物質**，還元される（電子を受け取る）**B²⁺が正極活物質**である。そのため，負極と正極の反応は次のようになる。

$$負極 \quad A \rightarrow A^{2+} + 2e^-$$
$$正極 \quad B^{2+} + 2e^- \rightarrow B$$

これを踏まえて，選択肢を順に見てみよう。

① 正しい。Aは電子を放出する負極としてはたらいている。

② 誤り。負極の反応より，1 molの金属Aが反応したときに，2 molの電子が電球を流れる。

③ 正しい。B²⁺は正極活物質であり，単体のBに還元される。

④ 正しい。Aは陽イオンとなって溶け出すため，金属Aの板の質量は減少する。

答え ▶ ②

SECTION

身のまわりの化学

6

THEME

1 金属とその利用

ここで きめる! 金属の性質とその利用例を知ろう。

> このセクションには「ここが問われる！」
> はないの？

> このセクションからの出題は身近に存在する物質
> の用途を問う設問が中心で，すごく軽い問題ばか
> り。本編を読んでもらえたら楽勝なのでカットし
> ているんだ。

1 鉄Fe

　鉄は，最も多く使われている金属で，人間が利用する金属の約90%を占める。鉄は**硬くて丈夫**なので，**建築物の鉄骨や自動車の車体**などに広く使われている。

　汎用性が高い鉄だけど，その最大の弱点は，イオン化傾向が大きく酸化されやすいということ。つまり，腐食しやすいんだ。これを防ぐために工夫されたのが**トタン**だ。トタンは，鉄の表面を亜鉛でメッキしたものだ。鉄の表面が傷ついて外気にさらされたとき，鉄よりイオン化傾向の大きい亜鉛が優先的に酸化され，鉄の酸化（腐食）が抑えられる。まさに，酸化還元反応を利用した製品だね。

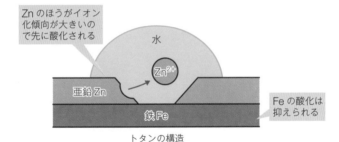

トタンの構造

鉄は，ニッケルやクロムと合金にする場合もある。トタンと同じで，鉄が酸化されにくくなるからだ。このような合金は**ステンレス鋼**と呼ばれ，台所のシンク（流し台）などに利用されているよ。

「さびにくい（stainless）」という意味で，ステンレスというよ。

また，使い捨てカイロの中には，おもに鉄粉が入っている。カイロは，鉄粉が酸化される際に発熱することを利用しているんだ。外袋を開けると中袋の中の鉄粉が空気中の酸素にふれ，酸化が始まり，発熱するという仕組みだ。

開封すると空気中のO_2とふれる

鉄粉が酸化されて発熱する

カイロ

鉄の原鉱石は，鉄鉱石だ。鉄は，酸化物として鉄鉱石に含まれている。
鉄鉱石から単体の鉄を取り出すには，まず，溶鉱炉と呼ばれる炉内で酸化鉄を還元して，銑鉄（不純物として炭素などを含んだもろい鉄）を作る。その後，転炉という炉内で酸素を吹き込んで，不純物や炭素含有量を減らし，鋼（不純物の少ない丈夫な鉄）を作る。

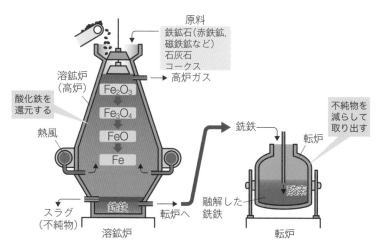

原料
鉄鉱石（赤鉄鉱，磁鉄鉱など）
石灰石
コークス

溶鉱炉（高炉） → 高炉ガス

酸化鉄を還元する

Fe_2O_3
Fe_3O_4
FeO
Fe

熱風

銑鉄

スラグ（不純物）　銑鉄　転炉へ

溶鉱炉

銑鉄

不純物を減らして取り出す

転炉

融解した銑鉄

酸素

転炉

2 アルミニウム Al

　アルミニウムは，銀白色の軽い金属で，1円玉や缶ジュースの容器などに使われている。

　アルミニウムの原鉱石は，**ボーキサイト**と呼ばれるものだ。ボーキサイトの主成分は酸化アルミニウムだが，その他に，鉄やケイ素などの酸化物も含まれている。単体のアルミニウムは，ボーキサイトから直接作られるのではなく，ボーキサイトから取り出した**アルミナ**と呼ばれる純粋な酸化アルミニウムから作られるんだ。溶融（融解）塩電解という特殊な電気分解をすることにより，酸化アルミニウムが還元され，アルミニウムとなる。この技術は，19世紀に確立し，工業生産が盛んになっていったんだよ。

 1円玉やアルミ缶は軽くて丈夫でさびにくいよね。

 アルミニウムは鉄よりもイオン化傾向が大きいけど，鉄のようにさびないのですか？

 いい質問！　実はアルミニウムの表面は既にさびているんだ。

アルミニウム製品のほとんどは，丈夫な酸化物の被膜を人工的につけたものから作られていて，その被膜が内部を保護するバリアのはたらきをして，内側のアルミニウムの腐食を防いでいるんだ。このアルミニウム製品を**アルマイト**とよぶよ。

そうだったんだ！　さびでさびを防ぐってことですね。

まさにその通り。アルマイトは日本で開発された技術なんだ。

また，**ジュラルミン**は，アルミニウムに銅やマグネシウムなどを混ぜ合わせて作られる合金だ。**軽くて非常に丈夫**なため，**航空機や新幹線の車両**に使われているよ。

【補足1】
アルミニウムを精製するための溶融塩電解は，エネルギー消費量やCO_2排出量が非常に多く，環境負荷が大きい。そのため，アルミニウム製品はリサイクルすることが推奨されているんだ。リサイクルで消費するエネルギーは，ボーキサイトから製錬（原鉱石から金属の単体を作ること）する場合の約3％ほどですむんだ。

【補足2】
高圧送電線にもアルミニウムが使われている。アルミニウムの電気伝導度は銅などよりも小さいが，密度が低く，同じ質量で比較すると銅の約2倍の電流を流すことができるからなんだ。

3 | 銅Cu

銅は，特有の赤みを帯びた金属だ。10円玉も銅でできている。銅は，**熱や電気の伝導度が銀に次いで2番目に大きい**ので，**電気器具の配線部品**や，昔は調理器具にも使われていたよ。

また，銅と亜鉛の合金は**黄銅（真ちゅう）**と呼ばれ，金に似た美しい光沢があるため，**仏具や管楽器の素材**として使われている。

1

金属とその利用

黄銅（真ちゅう）

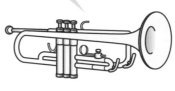

トランペット

黄銅は英語でbrass（ブラス）という。
ブラスバンドの「ブラス」は黄銅という意味だ。

銅とスズの合金は**青銅（ブロンズ）**と呼ばれ，銅単体よりも非常に丈夫なので，**彫像**などの美術工芸品に使われているよ。いわゆる，ブロンズ像のことだね。青銅の歴史は古く，紀元前3500年頃からメソポタミア地方で使われていたとされる。青銅は比較的低い温度で融解するため，当時の人々の技術でも容易に様々な形に成型することができたからだよ。

4 水銀 Hg

　水銀は，常温・常圧で**唯一液体の金属**だ。水銀の蒸気や水銀化合物は非常に毒性が強く，水俣病の原因物質にもなった。

　水銀は熱を加えると膨張し，体積が大きくなる。これを利用して，**温度計(体温計)**に使われているよ。

　また，水銀は**蛍光灯**にも封入されている。電流を流すと，ガラス管内で水銀原子と電子が衝突して紫外線が発生し，ガラス管の内壁に塗られている蛍光塗料を発光させる，という仕組みだ。

　また，水銀は様々な金属と合金を作る。このような合金をまとめて，**アマルガム**と呼ぶよ。

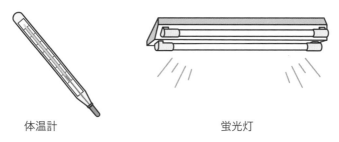

体温計　　　　　　　　　　　　　　蛍光灯

 水銀は銀白色をした液体なんだ。

POINT 金属の利用のまとめ

アルミニウム Al

① 軽い金属で，1円玉や缶ジュースの容器などに利用されている。

② 合金のジュラルミンは，航空機や新幹線の車両に利用されている。

鉄 Fe

① かたくて丈夫な金属で，建築物の鉄骨や自動車の車体として利用されている。

鉄粉は，空気中で酸化される際に発熱する。これを利用して使い捨てカイロに使われている。

② 鉄を含む合金であるステンレス鋼は，さびにくく，台所のシンクなどに利用されている。

銅 Cu

① 電気伝導性・熱伝導性が大きく，電気器具の配線や調理器具に用いられる。

② 銅と亜鉛の合金である黄銅(真ちゅう)は，仏具や管楽器に使われる。

銅とスズの合金である青銅(ブロンズ)は，彫像などに使われる。

水銀 Hg

① 常温・常圧で唯一液体の金属。温度計(体温計)や蛍光灯に使われる。

② 様々な金属と，アマルガムと呼ばれる合金を作る。

では，金属の利用に関する問題にチャレンジしてみよう。

対策問題 にチャレンジ

金属とその利用に関する記述として正しいものを，次の①～⑤のうちから1つ選べ。

① 銅とスズの合金を「黄銅(真ちゅう)」といい，楽器などに用いられる。

② 鉄と亜鉛の合金を「トタン」といい，鉄の酸化を抑えることができる。

③ アルミニウムはイオン化傾向が大きいので，空気中に放置すると腐食される。

④ 金属の中で，銅の電気伝導度が最も大きい。

⑤ 水銀は常温・常圧で唯一，液体である金属で，体温計や蛍光灯に用いられる。

① 黄銅は，**銅と亜鉛**の合金。銅とスズの合金は青銅。

② トタンは鉄に亜鉛を**メッキしたもの**。

③ アルミニウム Al は空気中で表面に緻密な酸化被膜を形成し，不動態を形成するので，**ほとんど腐食が起こらない**。

④ 金属の中で**電気伝導度が最大のものは銀 Ag**。銅は銀に次いで**2番目に大きい**。

答え ▶ ⑤

THEME

2 | イオンからなる物質と その利用例

ここで
きわめる！　　イオンからなる物質の性質とその利用例を知ろう。

1 塩化カルシウム CaCl₂

　塩化カルシウムは**水に溶けやすく，溶解時に発熱する**。この性質を利用して，**融雪剤や道路の凍結防止剤**として使われているよ。塩化カルシウムは得られやすく，安価という工業的利点もあるんだ。

　また，空気中の水蒸気を吸収する性質が強く，**潮解性**があるので，乾燥剤（除湿剤）としても使われているよ。潮解性とは，空気中の水蒸気を吸収してその水に溶ける性質のことだよ。

空気中の
水蒸気を
吸収

塩化カルシウムは白色の固体だよ。

2 炭酸水素ナトリウム NaHCO₃

　炭酸水素ナトリウムは重曹とも呼ばれ，**水溶液は弱塩基性**を示す。この性質を利用して，過剰な胃酸を中和する**胃薬**として使われているよ。また，炭酸水素ナトリウムを加熱すると，気体の二酸化炭素が生じるので，お菓子やケーキの材料として使われる**ふく**

らし粉(ベーキングパウダー)や，**水を使わない消火活動**(石油コンビナートや化学工場の火災)の**消火剤**として利用されている。

CO₂が生じることで
生地がふくらむ

炭酸水素ナトリウムを加熱すると，
$2NaHCO_3 \longrightarrow Na_2CO_3 + H_2O + CO_2$
の反応が起こり，二酸化炭素が発生するよ。

3 硫酸バリウム BaSO₄

　硫酸バリウムは，**水や酸に溶けにくく**，また，**X線の吸収能力が高い(X線を透過しにくい)。**この性質を利用して，消化管の画像診断などの際の**X線造影剤**として使われているよ。

　通常，体にX線を透過させると，胃は黒く写る。しかし，硫酸バリウムを飲むと，硫酸バリウムが胃の内壁に付着してX線を吸収するため，胃が白く浮かび上がって写る。その画像から，組織の損傷や腫瘍の有無を診断することができるんだ。

X線造影剤

胃の部分が
白く写る

胃のX線撮影

X線の撮影では，X線を透過した部分は黒く写り，X線を吸収した部分は白く写るよ。

COLUMN X線を透過するもの・しないもの

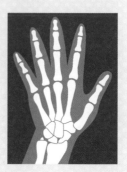

　骨はX線を透過しにくいので白く写る。そのため，骨のX線撮影では，造影剤は不要だ。X線の撮影をするだけで，骨折の様子がわかるよ。

　胸部X線撮影の経験はあるかな？　このときも造影剤は使わないよ。通常，肺（空気）はX線を透過するため黒く写るが，炎症や腫瘍があると，X線の透過度が低下し，白い影が写るようになるからだ。

4　炭酸カルシウム$CaCO_3$

　石灰石，**大理石**，**貝殻**，**卵殻**などの主成分で天然に存在する炭酸カルシウム$CaCO_3$は**水に溶けにくく**，工業的には**セメント**の原料として利用されているよ。みんなにとって身近な**チョーク**も炭酸カルシウムが含まれていて，貝殻や卵殻が原料として用いられているんだ。

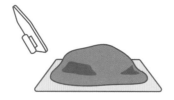

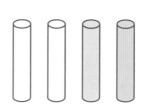

鍾乳洞は石灰岩が空気中の二酸化炭素によって, 長い年月（数億年）をかけて浸食されてできた天然の洞穴なんだよ。

POINT　イオンからなる物質のまとめ

塩化カルシウム $CaCl_2$
① 融雪剤や凍結防止剤として利用される。
② 潮解性があり, 乾燥剤（除湿剤）としても用いられる。

炭酸水素ナトリウム $NaHCO_3$
① 別名は重曹。胃薬やベーキングパウダーとして利用される。
② 水を使わない消火剤としても用いられる。

硫酸バリウム $BaSO_4$
① 水や酸に溶けにくい。
② X線を吸収するため, X線造影剤として用いられる。

炭酸カルシウム $CaCO_3$
① 水に溶けにくい。
② セメントやチョークの原料として用いられる。

THEME

3 | 分子からなる物質と その利用例

👍 身近な分子の性質とその利用例を知ろう。

1 メタン CH₄

メタンは，**天然ガス**の主成分として産出する無色・無臭の気体で，**水に溶けにくく**，空気より軽い。可燃性で，**家庭用ガス（都市ガス）**の主成分として使用される。

家庭用ガスなどには，臭いがあるよね。これは，ガス漏れに気づくように，あえて臭いをつけているんだ。

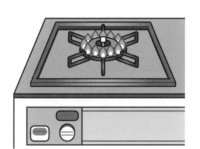

メタンの構造式

メタン自体は人に対する毒性はないんだよ。ガス漏れによって爆発のおそれがあったり一酸化炭素が発生したりすることが危険なんだ。

メタンは，地球温暖化を助長する，温室効果ガスのひとつと考えられている。

2　ヘキサン C_6H_{14}

　ヘキサンは，無色で特異臭がある液体。**水に溶けにくい**が，無極性物質（油性物質）を溶解させる性質があり，**有機溶媒（ベンジン等）**として用いられるよ。

ヘキサンの構造式

　ヘキサンは，油性インキなど，水に溶けにくい物質を溶かす溶剤として用いられているよ。

3　エタノール C_2H_5OH

　エタノールは，**水に溶けやすい**無色の液体。身近なところでは，**酒類**などに含まれているね。

　高濃度のエタノールは，細胞膜を破壊する作用をもつことから，注射や手を洗浄するときに使う**消毒薬**などに利用されている。

エタノールの構造式

アルコールの分解

　エタノールには脳のはたらきを抑制する性質がある。そのため，お酒を飲んで酔っ払うと，眠くなったり，平衡感覚が鈍ってフラフラしたりするんだ。

　また，体内のエタノールは時間とともに分解され，アセトアルデヒドという物質に変化する。このアセトアルデヒドが，吐き気や頭痛などの不快症状をもたらす。いわゆる，二日酔いの状態だ。

　その後，アセトアルデヒドはさらに分解されて，人体に無害な酢酸となり，正常な状態に戻るというわけだ。

4 酢酸 CH_3COOH

　酢酸は，**水に溶けやすい**，無色・刺激臭の液体。**食酢**などに4〜5%含まれている。また，**合成繊維**や**医薬品の原料**としても用いられている。純度の高い酢酸の融点は約17℃で，冬には凍ってしまうため，**氷酢酸**と呼ばれるよ。

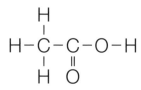

酢酸の構造式

5 塩酸 HCl

　塩酸は塩化水素の水溶液であり，**強酸**。身近な用途としては，**トイレ用洗浄剤**として使われているよ。家庭用の洗浄剤には，10％ほどの塩酸が含まれている。便器の汚れの原因物質は，尿石と呼ばれるリン酸カルシウムやタンパク質などで，通常の中性洗剤ではなかなか除去することができない。しかし，塩酸は強酸であるため，これらの物質を溶かして除去することができるんだ。

　　　　　胃酸の主成分も塩酸だよ。

POINT　　**分子からなる物質のまとめ**

メタン CH₄

無色・無臭で水に溶けにくい気体。天然ガスの主成分で，都市ガス（主成分）に使われる。

ヘキサン C₆H₁₄

無色・特異臭の液体。水に溶けにくく，無極性物質（油性物質）を溶かす溶剤（有機溶媒（ベンジン等））として，用いられる。

エタノール C₂H₅OH

水に溶けやすい，無色の液体。お酒に含まれる。消毒薬としても利用されている。

酢酸 CH₃COOH

水に溶けやすい，無色・刺激臭の液体。食酢に含まれる。合成繊維や医薬品の原料としても利用されている。

塩酸 HCl

塩化水素の水溶液。強酸性で，トイレ用洗浄剤等に使用される。

THEME

4 高分子化合物とその利用例

ここで 動きめる! 👍 高分子化合物の性質と利用例について知ろう。

有機化合物の中には，**高分子化合物**と呼ばれる巨大な分子からできているものがある。この高分子化合物は，多数の分子が結合を繰り返す**重合**という反応によってできているんだ。おもな重合の種類として，**付加重合**と**縮合重合**がある。それぞれの重合について，代表例を見ていこう。

1 付加重合からなる高分子化合物

"**付加反応**"とは，**分子の結合の一部が開いて別の分子に付け加わり，連結すること**だ。

付加反応を繰り返して，分子が次々と連結していくことを**付加重合**というよ。例えば，**ポリエチレン**は，付加重合によってできた高分子化合物のひとつだ。

ポリエチレンという名前は，多数のエチレンが付加重合してできたもの，という意味だよ。「ポリ」は「多数の」という意味の接頭語で，重合でできた物質の名前の頭につけられるんだ。原料のエチレンは気体だけど，付加重合で分子量が大きくなり，融点が高くなるため，**ポリエチレンは固体**なんだ。

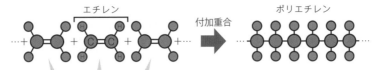

エチレン   付加重合   ポリエチレン

この部分の結合が開いて
分子どうしが連結

ポリエチレンの用途は非常に多岐にわたり，歯みがき粉などのチューブや容器，ガソリンタンクなど，様々なプラスチック製品として用いられているよ。

ポリエチレンはゴミ袋にも用いられるよ。
ゴミ袋は"ポリ袋"ともいうよね。

2　縮合重合からなる高分子化合物

分子どうしが連結する際に，水のような低分子量の物質がとれることがある。この反応を"縮合"という。

縮合を繰り返して，高分子化合物ができあがることを縮合重合というよ。

例えば，**ポリエチレンテレフタラート (PET)** は，縮合重合によってできた高分子化合物のひとつで，ペットボトルの原料などに使われているものだ。ペットボトルの"PET"とは，ポリエチレンテレフタラートの略なんだ。

ポリエチレンテレフタラートは，エチレングリコールとテレフタル酸という2種類の物質の縮合重合でできる。

エチレン
グリコール テレフタル酸　　縮合重合　　ポリエチレンテレフタラート

この部分がとれて水になる

ポリエチレンテレフタラートは，その他に，衣類などに使われる**合成繊維**の原料にもなっているよ。

ペットボトルは，手で強く握って押しつぶしても，もとの形に戻るよね。このようにポリエチレンテレフタラートには，形を維持する性質があるんだ。ポリエステル素材の衣類というのは，その性質を活かして，**しわになりにくい**という特長があるよ。

PETボトル　　　　　ポリエステル素材のシャツ

では，ここまでの内容を問題で確認しよう！

対策問題にチャレンジ

　有機化合物とその利用に関する記述として誤りを含むものはどれか。最も適当なものを，次の①～④のうちから1つ選べ。
① プロパンは天然ガスの主成分で，可燃性気体であり都市ガスに利用されている。
② ヘキサンは水に溶けにくく，無極性物質とも混じり合いやすいので，有機溶媒(溶剤)としても利用されている。

③ ポリエチレンは包装材や容器に利用されている高分子化合物で，原料となるエチレンの付加重合で合成される。

④ ポリエチレンテレフタラートはエチレングリコールとテレフタル酸の縮合重合により合成される高分子化合物で，飲料用ボトルや衣料品に用いられる。

① 天然ガスの主成分は**メタン CH₄** であり，都市ガスに利用される。

答え ①

POINT　高分子化合物のまとめ

ポリエチレン（PE）

エチレンの付加重合で作られる。ゴミ袋やプラスチック製品などに幅広く用いられている。

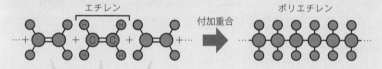

エチレン　　　　　　　　　　　　　　　付加重合　　　　ポリエチレン

この部分の結合が開いて
分子どうしが連結

ポリエチレンテレフタラート(PET)

エチレングリコールとテレフタル酸の縮合重合で作られる。ペットボトルや合成繊維の原料などに用いられる。

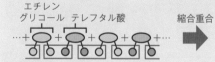

エチレン
グリコール　テレフタル酸

縮合重合　　　ポリエチレンテレフタラート

277

THEME

5 酸化還元反応の応用

ここで
きめる！

🖐 酸化還元反応を利用した身近な物質を知ろう。

　酸化還元反応については，SECTION 5で学習したね。ここでは酸化還元反応を利用した身近な物質や装置について説明していくよ。

1 次亜塩素酸ナトリウム NaClO

　強い酸化力をもつ次亜塩素酸ナトリウムは，微生物などを殺生することができるため，**食品や医療器具などの殺菌・消毒**に利用される。また，酸化作用により色素を分解するはたらきもあるので，**漂白剤**としても利用される。

漂白剤

台所用の漂白剤には，次亜塩素酸ナトリウムが含まれているよ。

COLUMN **漂白剤と洗浄剤**

　台所用漂白剤のラベルには「まぜるな危険」と書かれているよね。これは，何と混ぜてはいけないのか知っているだろうか。実は，トイレ用洗浄剤などに含まれる塩酸などの「酸」と混ぜてはいけないんだ。次亜塩素酸ナトリウムと酸が反応すると，有毒な塩素ガスCl_2が発生するからだ。

有毒！

$$NaClO + 2HCl \longrightarrow NaCl + H_2O + Cl_2\uparrow$$

次亜塩素酸　　　　　塩酸　　　　塩化ナトリウム　　　　　　　　　　　塩素
ナトリウム

2　アスコルビン酸（ビタミンC）

　アスコルビン酸は**強い還元力**があり，食品の風味を保ち，変色を防ぐための**酸化防止剤**として利用されている。食品のラベルには，ビタミンCと書かれているよ。ビタミンCとは，栄養素の名前で，ビタミンCの物質名がアスコルビン酸なんだ。

POINT **酸化還元反応の応用のまとめ**

次亜塩素酸ナトリウム NaClO

強い酸化力があり，食品や医療器具などの殺菌・消毒に利用される。また，色素を分解するはたらきもあるので，漂白剤にも利用される。

アスコルビン酸（ビタミン C）

強い還元力があり，食品の酸化防止剤として利用される。

SECTION

思考型問題の対策

7

THEME

THEME

1 差がつく7つの問題①

ここで
きめる！　📖 グラフから情報を的確に抜き出そう！

さて，最終章だよ

今回は何？？

今回は今まで学んできた知識をフル稼働させて，共通テストならではの思考型（見慣れない）問題にチャレンジしてもらうよ

長い問題文のやつね

うん。でも長い問題文から必要な情報を抜き出すことができれば案外，容易に解答できるんだ

巻頭特集に書かれてたね！

そう！　巻頭特集で説明した考え方も適用しながら，「差がつく」7つの問題にチャレンジしよう！

過去問 にチャレンジ

　エタノール水溶液（原液）を蒸留すると，蒸発した気体を液体として回収した水溶液（蒸留液）と，蒸発せずに残った水溶液（残留液）が得られる。このとき，蒸留液のエタノール濃度

が，原液のエタノール濃度によってどのように変化するかを調べるために，次の**操作Ⅰ～Ⅲ**を行った。

操作Ⅰ　試料として，質量パーセント濃度が10％から90％までの9種類のエタノール水溶液（原液A～I）をつくった。

操作Ⅱ　蒸留装置を用いて，原液A～Iをそれぞれ加熱し，蒸発した気体をすべて回収して，原液の質量の$\frac{1}{10}$の蒸留液と$\frac{9}{10}$の残留液を得た。

原　液　$\xrightarrow{\text{加　熱}}$　蒸留液　＋　残留液

操作Ⅲ　得られた蒸留液のエタノール濃度を測定した。

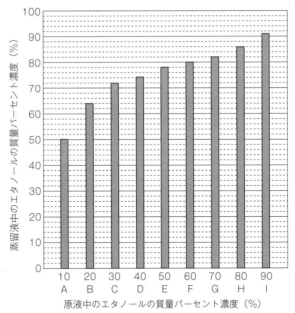

図　原液A～I中のエタノールの質量パーセント濃度と蒸留液中のエタノールの質量パーセント濃度の関係

　図に，原液A～Iを用いたときの蒸留液中のエタノールの質量パーセント濃度を示す。図より，たとえば質量パーセント濃度10％のエタノール水溶液（原液A）に対して**操作Ⅱ・Ⅲ**を

行うと，蒸留液中のエタノールの質量パーセント濃度は50%と高くなることがわかる。次の問いに答えよ。

問1 原液Aに対して**操作Ⅱ・Ⅲ**を行ったとき，残留液中のエタノールの質量パーセント濃度は何%か。最も適当な数値を，次の①～⑤のうちから一つ選べ。

① 4.4　　② 5.0　　③ 5.6　　④ 6.7　　⑤ 10

問2 蒸留を繰り返すと，より高濃度のエタノール水溶液が得られる。そこで，**操作Ⅱ**で原液Aを蒸留して得られた蒸留液1を再び原液とし，**操作Ⅱ**と同様にして蒸留液2を得た。蒸留液2のエタノールの質量パーセント濃度は何%か。最も適当な数値を，後の①～⑤のうちから一つ選べ。

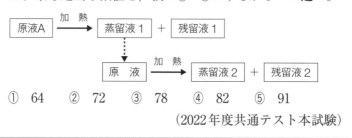

① 64　　② 72　　③ 78　　④ 82　　⑤ 91

（2022年度共通テスト本試験）

　馴染みのないタイプの問題で，共通テストならではの思考型の問題。このタイプの問題では情報の「**抜き出し**」がカギになる。核心となる情報をダイレクトに抜き出すコツは**後ろに具体例が続く情報を探す**だ。未知のものが多い馴染みのない問題では，詳しい説明がないと"意味不明"となってしまうからね。

　この問題では「**たとえば質量パーセント濃度10%のエタノール水溶液（原液A）に対して操作Ⅱ・Ⅲを行うと，蒸留液中のエタノールの質量パーセント濃度は50%と高くなる**」の部分。この情報にしたがって図を見てみると，提示された情報と一致していることがわかるよね。

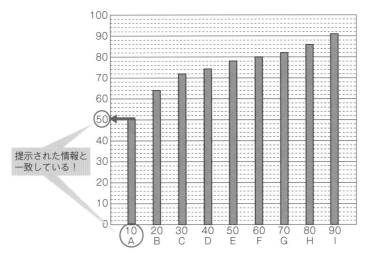

提示された情報と一致している！

では，この情報を柱に問1に挑んでみようね！

問1

　まずは用いた原液Aの質量をキリ良く100g（エタノールを質量%で10%の10gを含む）として考えよう！

　操作Ⅱで得られる蒸留液は10g $\left(=100 \times \dfrac{1}{10}\right)$，残留液は90g $\left(=100 \times \dfrac{9}{10}\right)$ になるね。そして，このとき得られる蒸留液中に含まれるエタノールは50%なので5g $\left(=10 \times \dfrac{50}{100}\right)$ だね。また，残留液には残り5g（＝10－5）のエタノールを含んでいることになるね。

原　液A 100g（内エタノール10g）	加熱 →	蒸留液$\left(\dfrac{1}{10}\right)$ 10g（内エタノール5g）	＋	残留液$\left(\dfrac{9}{10}\right)$ 90g（内エタノール5g）
質量%で10%！		質量%で50%！		10－5＝5g

よって，残留液中のエタノールの質量パーセント濃度は

$$\frac{5}{90} \times 100 = 5.55 \fallingdotseq 5.6\%$$

となり，③が正解となる。

答え ③

問2

　問題文中に「操作Ⅱで原液Aを蒸留して得られた蒸留液1を再び原液として」とあるので，問1の解説に出てくる蒸留液を原液として操作Ⅱを行ったと考えればいいね！　この液体はエタノールを**質量%濃度で50%含んでいる**ので，図より，得られる蒸留液中のエタノールは**78%とわかる**ね。

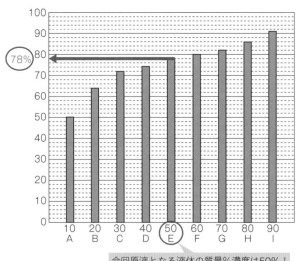

今回原液となる液体の質量%濃度は50%！

よって，③が正解となる。

答え ③

2 差がつく７つの問題②

ここで
動き始める！ 📖 資料から必要な情報を抜き出そう！

過去問にチャレンジ

　図１のようなラベルが貼ってある飲料水X～Zが，コップⅠ～Ⅲのいずれかに入っている。飲料水を見分けるために，BTB（ブロモチモールブルー）溶液と図２のような装置を用いて実験を行ったところ，表１のような結果になった。

飲料水 X

| 名称：ボトルドウォーター |
| 原材料名：水（鉱水） |

栄養成分（100mL あたり）	
エネルギー	0kcal
たんぱく質・脂質・炭水化物	0g
ナトリウム	0.8mg
カルシウム	1.3mg
マグネシウム	0.64mg
カリウム	0.16mg
pH 値 8.8～9.4　　硬度 59mg/L	

飲料水 Y

| 名称：ナチュラルミネラルウォーター |
| 原材料名：水（鉱水） |

栄養成分（100mL あたり）	
エネルギー	0kcal
たんぱく質・脂質・炭水化物	0g
ナトリウム	0.4～1.0mg
カルシウム	0.6～1.5mg
マグネシウム	0.1～0.3mg
カリウム	0.1～0.5mg
pH 値 約7　　硬度 約30mg/L	

飲料水 Z

| 名称：ナチュラルミネラルウォーター |
| 原材料名：水（鉱水） |

栄養成分（100mL あたり）	
たんぱく質・脂質・炭水化物	0g
ナトリウム	1.42mg
カルシウム	54.9mg
マグネシウム	11.9mg
カリウム	0.41mg
pH 値 7.2　　硬度 約1849mg/L	

図1

図2

	BTB溶液を加えて色を調べた結果	図2の装置を用いて電球がつくか調べた結果
コップⅠ	緑	ついた
コップⅡ	緑	つかなかった
コップⅢ	青	つかなかった

表1　実験操作とその結果

　コップⅠ～Ⅲに入っている飲料水Ｘ～Ｚの組合せとして最も適当なものを，次の①～⑥のうちから一つ選べ。ただし，飲料水Ｘ～Ｚに含まれる陽イオンはラベルに示されている元素のイオンだけとみなすことができ，水素イオンや水酸化物イオンの量はこれらに比べて無視できるものとする。

	コップⅠ	コップⅡ	コップⅢ
①	X	Y	Z
②	X	Z	Y
③	Y	X	Z
④	Y	Z	X
⑤	Z	X	Y
⑥	Z	Y	X

（2018年度試行調査問題）

1つ目のポイントは**「飲料水の液性」**だ。BTB溶液は**酸性で黄色**，**中性で緑色**，**アルカリ性で青色**を呈すると中学校で習ったね。

BTB溶液の色

酸性	中性	アルカリ性
黄色	緑色	青色

コップⅠとⅡはBTB溶液で緑色を呈したので，中性の水溶液であることがわかる。つまり，YまたはZが入っていることになるね。一方で，コップⅢはBTB溶液で青色を呈したので，アルカリ性の水溶液であることがわかる。つまりアルカリ性である，pH 8.8〜9.4の飲料水Xが入っていることがわかるね。

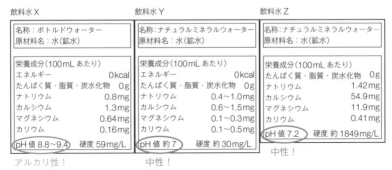

飲料水X

名称：ボトルドウォーター
原材料名：水(鉱水)

栄養成分(100mL あたり)
エネルギー　　　　　0kcal
たんぱく質・脂質・炭水化物　0g
ナトリウム　　　　0.8mg
カルシウム　　　　1.3mg
マグネシウム　　　0.64mg
カリウム　　　　　0.16mg
pH値8.8〜9.4　硬度 59mg/L

アルカリ性！

飲料水Y

名称：ナチュラルミネラルウォーター
原材料名：水(鉱水)

栄養成分(100mL あたり)
エネルギー　　　　　0kcal
たんぱく質・脂質・炭水化物　0g
ナトリウム　　　0.4〜1.0mg
カルシウム　　　0.6〜1.5mg
マグネシウム　　0.1〜0.3mg
カリウム　　　　0.1〜0.5mg
pH値 約7　硬度 約30mg/L

中性！

飲料水Z

名称：ナチュラルミネラルウォーター
原材料名：水(鉱水)

栄養成分(100mL あたり)
たんぱく質・脂質・炭水化物　0g
ナトリウム　　　　1.42mg
カルシウム　　　　54.9mg
マグネシウム　　　11.9mg
カリウム　　　　　0.41mg
pH値 7.2　硬度 約1849mg/L

中性！

そして，2つ目のポイントは**「飲料水中のイオンの濃度が大きいほど電流が流れやすくなる」**ということだ。

中学校のときに水の電気分解を習ったね。そのとき，純水ではなく薄い水酸化ナトリウム水溶液を用いて電気分解したはず。これは，ナトリウムイオンNa^+や水酸化物イオンOH^-を水溶液中に含ませることで電流を流しやすくするためだったね。

これと同じ理由で，飲料水の中に含まれるイオンの濃度（今回はすべて100mL中の値なので質量を見ればよい）が大きいものが電

流は流れやすく，装置の電球がつくといえる。

　飲料水X〜Zの中で，イオン濃度が高いのは，飲料水Zだ。

飲料水X

名称：ボトルドウォーター	
原材料名：水(鉱水)	

栄養成分(100mL あたり)	
エネルギー	0kcal
たんぱく質・脂質・炭水化物	0g
ナトリウム	0.8mg
カルシウム	1.3mg
マグネシウム	0.64mg
カリウム	0.16mg

pH値 8.8〜9.4	硬度 59mg/L

少ない

飲料水Y

名称：ナチュラルミネラルウォーター	
原材料名：水(鉱水)	

栄養成分(100mL あたり)	
エネルギー	0kcal
たんぱく質・脂質・炭水化物	0g
ナトリウム	0.4〜1.0mg
カルシウム	0.6〜1.5mg
マグネシウム	0.1〜0.3mg
カリウム	0.1〜0.5mg

pH値 約7	硬度 約30mg/L

少ない

飲料水Z

名称：ナチュラルミネラルウォーター	
原材料名：水(鉱水)	

栄養成分(100mL あたり)	
たんぱく質・脂質・炭水化物	0g
ナトリウム	1.42mg
カルシウム	54.9mg
マグネシウム	11.9mg
カリウム	0.41mg

pH値 7.2	硬度 約1849mg/L

明らかに他の2つよりも多い！

　だから，唯一電球がついたコップⅠは飲料水Zになるよ。

　ラベルには〜イオンとは書かれていないが，「成分」とはつまり「元素」ということ。それぞれの成分が，実際には陽イオンとして飲料水に含まれている。この表記は食品や飲料水でよく見られるので，手元に飲料水などがあれば確認してみてほしい。

　以上をまとめると，コップⅠはZ，コップⅡはY，コップⅢはXが入っていることになるよ。

答え ⑥

　ラベルの右下にある硬度とは，カルシウムイオンやマグネシウムイオンの含有量を示す指標です。硬度が大きい水溶液は硬水，反対のものは軟水とよびます。

3 差がつく７つの問題③

ここで
きめる！ 📖 文章中から必要な情報を抜き出そう！（その①）

予想問題 にチャレンジ

　共有結合は非金属元素の原子どうしが，価電子を出しあって，両方の原子で共有してできる化学結合である。共有結合により分子ができるとき，その形には様々なものがあるが，分子内の共有電子対や非共有電子対の間に生じる電気的反発を考えれば，ある程度はその形を予想することができる。電子は負電荷をもつので，電子対どうしは互いに反発しあい，空間的に最も離れた位置関係になろうとする。たとえば，メタン分子 CH_4 はC原子のまわりに4組の共有電子対があり，それらが均等に最も離れるような位置になるため，図1に示すように，結合角をすべて $109.5°$ とする正四面体形になる。

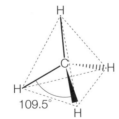

図1　メタンの形（正四面体）

　また，ホルムアルデヒド $CH_2=O$ はC原子のまわりに3組の共有電子対があり，これらが均等に最も離れる位置は $120°$ なので，図2に示すように，ホルムアルデヒドの形は平面三角形となる。

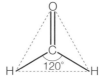

図2 ホルムアルデヒドの形（平面三角形）

問1 下線部に関して，結合の極性が最も大きい共有結合を，次の①～④のうちから一つ選べ。

① C－H   ② N－H   ③ F－H   ④ O－H

問2 本文の情報をもとに，次のア，イの分子の形と推測されるものはどれか。最も適当なものを，それぞれ下の①～⑤のうちから一つずつ選べ。

　　ア　シアン化水素　H－C≡N
　　イ　三フッ化ホウ素　BF₃

① 折れ線形　　② 正四面体形　　③ 三角錐形
④ 正三角形　　⑤ 直線形

問1

　極性は電気陰性度の差で生じるものである。そして，**その大きさは電気陰性度の差が大きくなるほど，大きくなる**。選択肢中の元素の電気陰性度の大きさは，F＞O＞N＞C＞Hの順であり，本文では③のF－H結合の極性が最も大きくなる。

答え ③

問2

　共通テストならではの思考型の問題。このタイプの問題では情報の「抜き出し」がカギになる。情報を抜き出すコツは**後ろに具体例が続く情報を探すこと**だったね。「**メタン分子CH₄はC原子のまわりに4組の共有電子対があり，それらが均等に最も離れるような位置になるため，図1に示すように，結合角をすべて109.5°とする正四面体形になる**」と「**ホルムアルデヒドCH₂＝O**

はC原子のまわりに3組の共有電子対があり，これらが均等に最も離れる位置は120°なので，図2に示すように，ホルムアルデヒドの形は**平面三角形**」の情報から，**結合は互いに最も離れるように作られる**ことがわかる。この「**最も離れるように**」が今回の核心だ。これを踏まえて，アとイの分子を考えよう。

まず，アのシアン化水素H−C≡Nから。この分子ではC原子のまわりに，単結合と三重結合で種類は違えども**2組の共有電子対**がある。これらが**均等に最も離れる位置は結合角を180°とする場合**なので，シアン化水素の形は直線形で，⑤が正解となる。

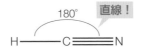

次に，イの三フッ化ホウ素BF_3を考えてみよう。この分子ではB原子のまわりに**3組の共有電子対**があり，これらが**均等に最も離れる位置**は，**結合角をすべて120°とする場合**なので，BF_3の形は**正三角形**で，④が正解となる。

答え ア ⑤，イ ④

4 差がつく７つの問題④

ここで
きめる！

📖 見慣れない実験問題を攻略しよう！（その①）

予想問題にチャレンジ

　二段階中和を用いた実験に関する次の問い（**問1・2**）に答えよ。

問1　炭酸ナトリウム Na_2CO_3 のみを含む水溶液 X がある。10.0 mL の水溶液 X を正確に測り取り，(a)適切な指示薬を用いて，ビュレットに入れた 0.10 mol/L の塩酸を滴下していったところ，次の図1のような中和滴定曲線が得られた。

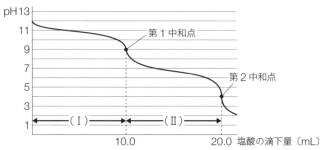

図1　水溶液 X を 0.10 mol/L の塩酸で滴定したときの中和滴定曲線

　図1中の（Ⅰ）の領域で起こる反応は，次の式(1)によって表される。

$$Na_2CO_3 + HCl \longrightarrow NaHCO_3 + NaCl \qquad (1)$$

　また，（Ⅱ）の領域で起こる反応は，式(1)の反応で生じた炭酸水素ナトリウム $NaHCO_3$ と塩酸の反応で，次の式(2)で表される。

$$NaHCO_3 + HCl \longrightarrow NaCl + H_2O + CO_2 \qquad (2)$$

この滴定に関する問い（**a・b**）に答えよ。

a 下線部(a)に関して，図1中の第2中和点を判定するのに最も適当な指示薬の名称と，そのときの溶液の色の変化の組合せとして最も適当なものを，次の①〜④のうちから一つ選べ。

	指示薬の名称	溶液の色の変化
①	フェノールフタレイン	赤色から黄色
②	フェノールフタレイン	赤色から無色
③	メチルオレンジ	赤色から無色
④	メチルオレンジ	黄色から赤色

b 10.0 mLの水溶液X中に含まれていた炭酸ナトリウムの物質量は何molか。最も適当な数値を，次の①〜④のうちから一つ選べ。

① 1.0×10^{-3}　　② 2.0×10^{-3}

③ 3.0×10^{-3}　　④ 4.0×10^{-3}

問2 水酸化ナトリウムNaOHの水溶液100 mLに二酸化炭素を吹き込むと，次の式(3)で表される反応が起こり，NaOHとNa$_2$CO$_3$を含む混合水溶液Y 100 mLが得られた。

$$2NaOH + CO_2 \longrightarrow Na_2CO_3 + H_2O \quad (3)$$

水溶液Y 10.0 mLを正確にはかり取り，0.10 mol/Lの塩酸で滴定したところ，次の図2のような中和滴定曲線が得られた。

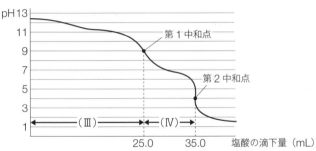

図2　水溶液Yを0.10 mol/Lの塩酸で滴定したときの中和滴定曲線

図2中の(Ⅲ)の領域で起こる反応はそれぞれ，次の式(4)，(5)で表される。

$$NaOH + HCl \longrightarrow NaCl + H_2O \quad (4)$$
$$Na_2CO_3 + HCl \longrightarrow NaHCO_3 + NaCl \quad (5)$$

また(Ⅳ)の領域で起こる反応は，式(5)で生じた炭酸水素ナトリウム $NaHCO_3$ と塩酸の反応で，次の式(6)で示される。

$$NaHCO_3 + HCl \longrightarrow NaCl + H_2O + CO_2 \quad (6)$$

この滴定に関する次の問い(**a・b**)に答えよ。

a 水溶液 Y 10.0 mL に含まれる NaOH と過不足なく反応する 0.10 mol/L の塩酸の体積は何 mL か。最も適当な数値を，次の①～④のうちから一つ選べ。

① 10.0　　② 15.0　　③ 25.0　　④ 35.0

b 下線部の二酸化炭素の物質量は何 mol か。最も適当な数値を，次の①～⑥のうちから一つ選べ。

① 1.0×10^{-3}　　② 1.5×10^{-3}　　③ 2.5×10^{-3}
④ 1.0×10^{-2}　　⑤ 1.5×10^{-2}　　⑥ 2.5×10^{-2}

問1

a 第2中和点付近のpHジャンプは酸性側にある。なので，変色域が弱酸性側にあるメチルオレンジを用いて判定することになる。式(2)の反応で生じた二酸化炭素が水に溶解して弱酸性を示すからだ。

また，色の変化は酸性側にpHが変化していくので，「黄色から赤色」が適当。よって，④が正解。ちなみに，第1中和点付近のpHジャンプは塩基性側にあるので，フェノールフタレインで判定し，色の変化は赤色から無色である。

答え ④

b 式(1)から，領域(Ⅰ)において **1 mol の炭酸ナトリウム Na_2CO_3 は 1 mol の塩酸と反応**することがわかる。

$$\underset{1}{\text{Na}_2\text{CO}_3} + \underset{1}{\text{HCl}} \longrightarrow \text{NaHCO}_3 + \text{NaCl}$$

よって，**水溶液X 10.0 mL中に含まれていたNa₂CO₃の物質量〔mol〕＝領域（I）で加えた塩酸の物質量〔mol〕**なので，

$$0.10\text{〔mol/L〕} \times \frac{10.0}{1000}\text{〔L〕} = 1.0 \times 10^{-3}\,\text{mol}\,\text{となり，①が正解。}$$

答え ①

問2

滴定に用いた水溶液Y 10.0 mL中に含まれていたNa₂CO₃を x〔mol〕，NaOHを y〔mol〕とおいてみる。

式(4)，式(5)から，領域(Ⅲ)において，**1 molのNaOHは1 molの塩酸と，そして1 molのNa₂CO₃は1 molの塩酸と反応する**ことがわかる。

$$\underset{1}{\text{NaOH}} + \underset{1}{\text{HCl}} \longrightarrow \text{NaCl} + \text{H}_2\text{O}$$

$$\underset{1}{\text{Na}_2\text{CO}_3} + \underset{1}{\text{HCl}} \longrightarrow \text{NaHCO}_3 + \text{NaCl}$$

よって，**水溶液Y 10.0 mL中に含まれていたNa₂CO₃とNaOHの物質量〔mol〕の合計＝領域(Ⅲ)で加えた塩酸の物質量〔mol〕**となり，次の式(i)が成り立つ。

$$x + y = 0.10\text{〔mol/L〕} \times \frac{25.0}{1000}\text{〔L〕} \quad \cdots\cdots\text{(i)}$$

また，式(5)より，領域(Ⅲ)において**1 molのNa₂CO₃から1 molのNaHCO₃が生じる**ことがわかる。

$$\underset{1}{\text{Na}_2\text{CO}_3} + \text{HCl} \longrightarrow \underset{}{\text{NaHCO}_3} + \text{NaCl}$$

だから，Na₂CO₃ x〔mol〕よりNaHCO₃は x〔mol〕生じることになる。

そして，式(6)より，領域(Ⅳ)で1 molのNaHCO₃は1 molの塩酸と反応する。

$$\underset{1}{\text{NaHCO}_3} + \underset{1}{\text{HCl}} \longrightarrow \text{NaCl} + \text{H}_2\text{O} + \text{CO}_2$$

領域（Ⅳ）でx〔mol〕のNaHCO₃は塩酸x〔mol〕と反応することになる。

情報をまとめると，水溶液Y 10.0 mL中の

Na₂CO₃の物質量〔mol〕

＝領域（Ⅳ）で塩酸と反応したNaHCO₃〔mol〕

＝領域（Ⅳ）で加えた塩酸の物質量〔mol〕

となるので，

$$x = 0.10〔mol/L〕\times\frac{35.0-25.0}{1000}〔L〕= 1.0\times10^{-3}\ mol$$

また式(i)より，$y = 1.5\times10^{-3}$ molと求まる。

では，**a**と**b**に答えを出そう。

a 水溶液Y 10.0 mL中には1.5×10^{-3} molのNaOHが含まれており，過不足なく反応するときの0.10 mol/Lの塩酸の体積v〔mL〕は中和の量的関係より，

$$\underbrace{1}_{\text{NaOHの価数}}\times1.5\times10^{-3}〔mol〕= \underbrace{1}_{\text{HClの価数}}\times0.10〔mol/L〕\times\frac{v}{1000}〔L〕$$

よって，$v = 15$ mLとなり，②が正解。

答え ②

b 式(3)より，1 molのCO₂を吹き込むと，1 molのNa₂CO₃が生じることがわかる。

$$2NaOH + \underset{1}{CO_2} \longrightarrow \underset{1}{Na_2CO_3} + H_2O$$

つまり，**Na₂CO₃の物質量〔mol〕＝吹き込んだCO₂の物質量〔mol〕**となる。

ここで，注意したいのは問題文4行目の「水溶液10.0 mLを正確にはかり取り」の部分。もともと100 mLの水溶液があり，そこから$\frac{1}{10}$だけ取ってきたことになる。

$$\underset{100\,\text{mL}}{\text{NaOH}} \quad \xrightarrow[]{\overset{\text{CO}_2}{\downarrow}} \quad \underset{100\,\text{mL}}{\underset{\text{NaOH}}{\overset{\text{Na}_2\text{CO}_3}{\text{と}}}} \quad \xrightarrow[\text{取る}]{\overset{\frac{1}{10}\text{だけ}}{}} \quad \underset{10.0\,\text{mL}}{\overset{\frac{1}{10}\,\text{の Na}_2\text{CO}_3}{\underset{\frac{1}{10}\,\text{の NaOH}}{\text{と}}}}$$

　だから，**水溶液Y 100 mL中のNa_2CO_3の物質量は10.0 mL中に含まれる物質量の10倍**で，

　　$1.0 \times 10^{-3} \times 10 = 1.0 \times 10^{-2}$ mol

　そして，これは吹き込んだCO_2の物質量とも等しいので，求めるCO_2の物質量は1.0×10^{-2} mol となり，④が正解。

答え ④

5 差がつく７つの問題⑤

見慣れない実験問題を攻略しよう！（その②）

過去問 にチャレンジ

　ある高校生が，トイレ用洗浄剤に含まれる塩化水素の濃度を中和滴定を使って求めた。次に示したものは，その実験報告書の一部である。この報告書を読み，問１〜問３に答えよ。

　「まぜるな危険　酸性タイプ」の洗浄剤に含まれる塩化水素濃度の測定
【目的】
　トイレ用洗浄剤のラベルに「まぜるな危険　酸性タイプ」と表示があった。このトイレ用洗浄剤は塩化水素を約10％含むことがわかっている。この洗浄剤（以下「試料」という）を水酸化ナトリウム水溶液で中和滴定し，塩化水素の濃度を正確に求める。
【試料の希釈】
　滴定に際して，試料の希釈が必要かを検討した。塩化水素の分子量は36.5なので，試料の密度を $1 \, \text{g/cm}^3$ と仮定すると，試料中の塩化水素のモル濃度は約 $3 \, \text{mol/L}$ である。この濃度では，約 $0.1 \, \text{mol/L}$ の水酸化ナトリウム水溶液を用いて中和滴定を行うには濃すぎるので，試料を希釈することとした。試料の希釈溶液 $10 \, \text{mL}$ に，約 $0.1 \, \text{mol/L}$ の水酸化ナトリウム水溶液を $15 \, \text{mL}$ 程度加えたときに中和点となるようにするには，試料を ア 倍に希釈するとよい。

【実験操作】

1. 試料10.0 mLを，ホールピペットを用いてはかり取り，その質量を求めた。

2. 試料を，メスフラスコを用いて正確に ア 倍に希釈した。

3. この希釈溶液10.0 mLを，ホールピペットを用いて正確にはかり取り，コニカルビーカーに入れ，フェノールフタレイン溶液を2，3滴加えた。

4. ビュレットから0.103 mol/Lの水酸化ナトリウム水溶液を少しずつ滴下し，赤色が消えなくなった点を中和点とし，加えた水酸化ナトリウム水溶液の体積を求めた。

5. 3と4の操作を，さらにあと2回繰り返した。

【結果】

1. 実験操作1で求めた試料10.0 mLの質量は10.40 gであった。

2. この実験で得られた滴下量は次のとおりであった。

	加えた水酸化ナトリウム水溶液の体積〔mL〕
1回目	12.65
2回目	12.60
3回目	12.61
平均値	12.62

3. 加えた水酸化ナトリウム水溶液の体積を，平均値12.62 mLとし，試料中の塩化水素の濃度を求めた。なお，試料中の酸は塩化水素のみからなるものと仮定した。

　希釈前の試料に含まれる塩化水素のモル濃度は，2.60 mol/Lとなった。

4. 試料の密度は，結果1より1.04 g/cm³ となるので，試料中の塩化水素（分子量36.5）の質量パーセント濃度は イ ％であることがわかった。

問1 ア に当てはまる数値として最も適当なものを，次の①～⑤のうちから一つ選べ。

① 2 ② 5 ③ 10 ④ 20 ⑤ 50

問2 別の生徒がこの実験を行ったところ，水酸化ナトリウム水溶液の滴下量が，正しい量より大きくなることがあった。どのような原因が考えられるか。最も適当なものを，次の①～④のうちから1つ選べ。

① 実験操作3で使用したホールピペットが水でぬれていた。

② 実験操作3で使用したコニカルビーカーが水でぬれていた。

③ 実験操作3でフェノールフタレイン溶液を多量に加えた。

④ 実験操作4で滴定開始前にビュレットの先端部分にあった空気が滴定の途中でぬけた。

問3 イ に当てはまる数値として最も適当なものを，次の①～⑤のうちから一つ選べ。

① 8.7 ② 9.1 ③ 9.5 ④ 9.8 ⑤ 10.3

(2018年度試行調査問題)

問題文がとても長いけど，必要な情報を的確に**抜き出していこう**。以降の解説では，塩化水素の水溶液を「塩酸」と説明していくよ。

問1 「試料の希釈溶液10 mLに，約0.1 mol/Lの水酸化ナトリウム水溶液を15 mL程度加えたときに中和点となる…」を言い換えると，**あるモル濃度の塩酸10 mLと0.1〔mol/L〕の水酸化ナトリウム水溶液15 mLが過不足なく中和する**ということになるね。

中和の量的関係を表す式 **「酸の価数×酸の物質量＝塩基の価数×塩基の物質量」** より，希釈後の塩酸の濃度を x 〔mol/L〕とすると，

$$1 \times x \text{〔mol/L〕} \times \frac{10.0}{1000} \text{〔L〕} = 1 \times 0.1 \text{〔mol/L〕} \times \frac{15}{1000} \text{〔L〕}$$

これを解いて $x = 0.15$ 〔mol/L〕

希釈前の塩酸の濃度が3〔mol/L〕なので，$3 \div 0.15 = 20$。3〔mol/L〕を $\frac{1}{20}$ 倍すると0.15〔mol/L〕になる。つまり，20倍に希釈すればよい。

答え ▶ ④

問2

それぞれの選択肢を見ていくよ。

① **誤り。**

実験操作3で使用したホールピペットが水でぬれていた場合，塩酸が薄まってしまうため，中和点までに必要な水酸化ナトリウム水溶液の体積は小さくなる。

ちなみに，もし実験操作4で使用したビュレットが使用前に水でぬれていた場合，中に入れる水酸化ナトリウム水溶液が薄まってしまい，モル濃度が0.103〔mol/L〕より小さくなる。

その結果，中和点までに必要な水酸化ナトリウム水溶液の体積は大きくなる。

そのため，**ホールピペットとビュレットは使用前に中に入れる溶液ですすいでおく**んだ。この操作を**共洗い**というよ。

② **誤り。**

　コニカルビーカーは水でぬれていても，滴定結果に影響はない。この問題の場合，水でぬれているコニカルビーカーに0.15〔mol/L〕の塩酸を10.0 mLはかり入れたとしても，溶質HClの物質量は，

$0.15〔mol/L〕× \dfrac{10.0}{1000} L＝1.5×10^{-3} mol$であり，中和に必要な水酸化ナトリウムの量は変わらないよね。つまり，**コニカルビーカーは水でぬれたまま使用可能**ということなんだ。

　ちなみに，正確な濃度水溶液を調製する際に用いる**メスフラスコも水でぬれたまま使える**よ。あとで水を加えるわけだからね。

③ **誤り。**

　加えるフェノールフタレイン溶液の量が多くても<u>コニカルビーカー内のHClの物質量は変わらず，変色する際のpHも変わらない</u>。よって，<u>測定される滴下量は変化しない</u>。

④ **正解。**

　実験操作4で滴定開始前にビュレット先端部分に空気が入っていたとすると，コックを開いた際，**空気が抜けた分だけビュレットの目盛りは下がる**ことになる。でも，実際には水酸化ナトリウム水溶液は滴下されていないよね。

　つまり，<u>最終的な目盛りの読み取り値は実際の滴下量よりも大きくなってしまう</u>ね。

　なので，**ビュレットは滴定開始前に先端部分まで滴下する溶液で満たしておかなければならない。**

答え ▶ ④

問3 この問題のテーマは**濃度変換。密度1.04〔g/cm³〕でモル濃度2.60〔mol/L〕の塩酸中の塩化水素の質量パーセント濃度を求めればよい。**溶液の体積を**1 L**として考えてみよう！

塩酸1 L＝1000 cm³の質量は，

　　　1.04〔g/cm³〕×1000 cm³＝1040 g

また，このうち塩化水素（分子量36.5より，モル質量36.5 g/mol）の質量は，

　　　36.5〔g/mol〕×2.60 mol＝94.9 g

よって，求める質量パーセント濃度は，

$$\frac{94.9}{1040} \times 100 = 9.125\% \fallingdotseq 9.1\%$$

答え ▶ ②

6 差がつく7つの問題⑥

ここで
きめる！ 👍 文章中から必要な情報を抜き出そう！（その②）

過去問 にチャレンジ

　電気陰性度は，原子が共有電子対を引きつける相対的な強さを数値で表したものである。アメリカの化学者ポーリングの定義によると，表1の値となる。

表1　ポーリングの電気陰性度

原子	H	C	O
電気陰性度	2.2	2.6	3.4

　共有結合している原子の酸化数は，電気陰性度の大きい方の原子が共有電子対を完全に引きつけたと仮定して定められている。たとえば水分子では，図1のように酸素原子が矢印の方向に共有電子対を引きつけるので，酸素原子の酸化数は－2，水素原子の酸化数は＋1となる。

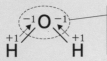

2個の水素原子から電子を1個ずつ引きつけるので，酸素原子の酸化数は－2となる。

図　1

同様に考えると，二酸化炭素分子では，図2のようになり，炭素原子の酸化数は＋4，酸素原子の酸化数は－2となる。

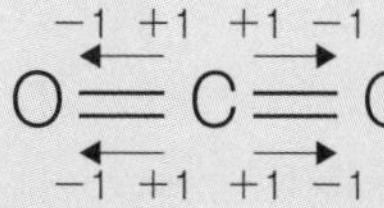

図 2

ところで，過酸化水素分子の酸素原子は，図３のように O－H 結合において共有電子対を引きつけるが，O－O 結合においては，どちらの酸素原子も共有電子対を引きつけることができない。したがって，酸素原子の酸化数はいずれも −1 となる。

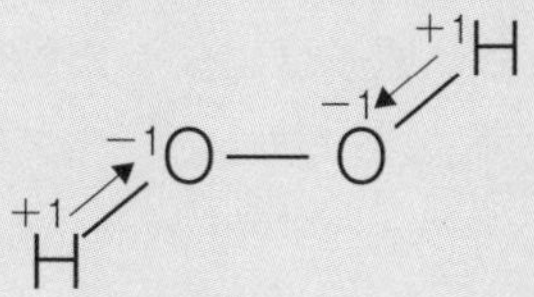

図 3

上記をふまえて次の問いに答えよ。

エタノールは酒類に含まれるアルコールであり，酸化反応により構造が変化して酢酸となる。

炭素原子A

エタノール

炭素原子B

酢 酸

エタノール分子中の炭素原子Ａの酸化数と，酢酸分子中の炭素原子Ｂの酸化数は，それぞれいくつか。最も適当なものを，次の①～⑨のうちから一つずつ選べ。ただし，同じものを繰り返し選んでもよい。

① +1　　② +2　　③ +3　　④ +4　　⑤ 0

⑥ −1　　⑦ −2　　⑧ −3　　⑨ −4

（2018年度試行調査問題）

新傾向問題だ。リード文が長く，酸化数について初めて見る定義が出てきた，と戸惑った人も多いかもしれない。問題文の情報から酸化数の決定に関する**ルール**を読解し，解けるかがカギとなる。

　ではルールを確認し，水，二酸化炭素，過酸化水素の場合を見ていこう。解説していこう。

● 単結合の場合

　価標が1本なので電気陰性度が大きい原子に向かって→を1本ひけばよい。

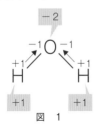

図　1

［水 H_2O の場合］

①電気陰性度は $O>H$ なので，HからOに向かって矢印を1本ひく。

②電気陰性度が大きい酸素原子は，電子を2個引きつけているので，酸化数は -2 。

③電気陰性度が小さい水素原子は，電子を1個失ったので，酸化数はそれぞれ $+1$ 。

　また，二酸化炭素分子の例より，"二重結合をもつ場合はどう考えるか"という1つ目の**補足事項**が導ける。

● 二重結合の場合

　価標が２本なので，電気陰性度の大きい原子に向かって→を２本
ひけばよい。

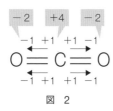

図　2

[二酸化炭素CO_2の場合]
① 電気陰性度は$O>C$なので，CからO
　に向かって矢印を２本ずつひく。
② 電気陰性度が大きい酸素原子は，電子を
　２個引きつけているので，酸化数は-2。
③ 電気陰性度が小さい炭素原子は，電子
　を４個失ったので，酸化数は$+4$。

　そして，過酸化水素分子の例より，"同じ原子が共有結合してい
る場合"も確認しておきましょう。

● 同じ原子が共有結合している場合

　共有結合部分には→はひかないで考える。

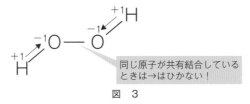

同じ原子が共有結合している
ときは→はひかない！

図　3

　これらのルールをもとに，エタノール分子中の炭素原子Ａと酢酸
分子中の炭素原子Ｂの酸化数を決定してみよう。

　まずは炭素原子Aについて，電気陰性度の大小に基づいて→をひいてみよう。炭素原子Aについて，O>Cより，CからOに向かって矢印を1本ひく。また，C>Hより，HからCに向かって矢印を1本ずつひく。最終的に，Aは2個の電子を引きつけ，1個の電子を失うことがわかる。つまり（－1）×2＋1＝－1となり，酸化数は－1となる。

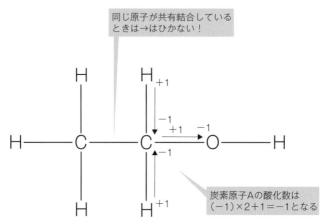

同じ原子が共有結合しているときは→はひかない！

炭素原子Aの酸化数は（－1）×2＋1＝－1となる

　同様に，炭素原子Bについて考えてみよう。電気陰性度の大小に基づいて→をひいてみよう。O>Cより，CからOに向かって矢印をひく。このとき，二重結合している部分は矢印を2本，単結合している部分は1本，CからOに向かって矢印をひこう。すると，Bは3個の電子を失うことがわかるね。つまり，酸化数は＋3となる。

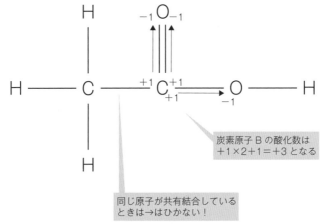

炭素原子Bの酸化数は
＋1×2＋1＝＋3となる

同じ原子が共有結合している
ときは→はひかない！

答え　**炭素原子Ａ：⑥，炭素原子Ｂ：③**

7 差がつく7つの問題⑦

👆 見慣れない実験問題を攻略しよう！（その③）

過去問 にチャレンジ

次の文章を読み，後の問い（**問1〜3**）に答えよ。

　ある生徒は，「血圧が高めの人は，塩分の取りすぎに注意しなくてはいけない」という話を聞き，しょうゆに含まれる塩化ナトリウム NaCl の量を分析したいと考え，文献を調べた。

文献の記述

　　水溶液中の塩化物イオン Cl^- の濃度を求めるには，指示薬として少量のクロム酸カリウム K_2CrO_4 を加え，硝酸銀 $AgNO_3$ 水溶液を滴下する。水溶液中の Cl^- は，加えた銀イオン Ag^+ と反応し塩化銀 AgCl の白色沈殿を生じる。Ag^+ の物質量が Cl^- と過不足なく反応するのに必要な量を超えると，過剰な Ag^+ とクロム酸イオン CrO_4^{2-} が反応してクロム酸銀 Ag_2CrO_4 の暗赤色沈殿が生じる。したがって，滴下した $AgNO_3$ 水溶液の量から，Cl^- の物質量を求めることができる。

　そこでこの生徒は，3種類の市販のしょうゆA〜Cに含まれる Cl^- の濃度を分析するため，それぞれに次の**操作Ⅰ〜Ⅴ**を行い，表1に示す実験結果を得た。ただし，しょうゆには Cl^- 以外に Ag^+ と反応する成分は含まれていないものとする。

操作Ⅰ　ホールピペットを用いて，250 mLのメスフラスコに5.00 mLのしょうゆをはかり取り，標線まで水を加えて，しょうゆの希釈溶液を得た。

操作Ⅱ　ホールピペットを用いて，**操作Ⅰ**で得られた希釈溶液から一定量をコニカルビーカーにはかり取り，水を加えて全量を50 mLにした。

操作Ⅲ　**操作Ⅱ**のコニカルビーカーに少量のK_2CrO_4を加え，得られた水溶液を試料とした。

操作Ⅳ　**操作Ⅲ**の試料に0.0200 mol/Lの$AgNO_3$水溶液を滴下し，よく混ぜた。

操作Ⅴ　試料が暗赤色に着色して，よく混ぜてもその色が消えなくなるまでに要した滴下量を記録した。

表1　しょうゆA〜Cの実験結果のまとめ

しょうゆ	**操作Ⅱ**ではかり取った希釈溶液の体積（mL）	**操作Ⅴ**で記録した$AgNO_3$水溶液の滴下量（mL）
A	5.00	14.25
B	5.00	15.95
C	10.00	13.70

問1　**操作Ⅰ〜Ⅴ**および表1の実験結果に関する記述として**誤りを含むもの**を，次の①〜⑤のうちから二つ選べ。ただし，解答の順序は問わない。

① **操作Ⅰ**で用いるメスフラスコは，純水での洗浄後にぬれているものを乾燥させずに用いてもよい。

② **操作Ⅲ**のK_2CrO_4および**操作Ⅳ**の$AgNO_3$の代わりに，それぞれAg_2CrO_4と硝酸カリウムKNO_3を用いても，**操作Ⅰ〜Ⅴ**によってCl^-のモル濃度を正しく求めることができる。

③ しょうゆの成分として塩化カリウムKClが含まれているとき，しょうゆに含まれる$NaCl$のモル濃度を，**操作Ⅰ〜Ⅴ**により求めたCl^-のモル濃度と等しいとして計算

すると，正しいモル濃度よりも高くなる。

④　しょうゆCに含まれるCl^-のモル濃度は，しょうゆBに含まれるCl^-のモル濃度の半分以下である。

⑤　しょうゆA～Cのうち，Cl^-のモル濃度が最も高いものは，しょうゆAである。

問2　**操作Ⅳ**を続けたときの，$AgNO_3$水溶液の滴下量と，試料に溶けているAg^+の物質量の関係は図1で表される。ここで，**操作Ⅴ**で記録した$AgNO_3$水溶液の滴下量はa〔mL〕である。このとき，$AgNO_3$水溶液の滴下量と，沈殿した$AgCl$の質量の関係を示したグラフとして最も適当なものを，後の①～⑥のうちから一つ選べ。ただし，CrO_4^{2-}と反応するAg^+の量は無視できるものとする。

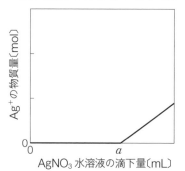

図1　$AgNO_3$水溶液の滴下量と試料に溶けているAg^+の物質量の関係

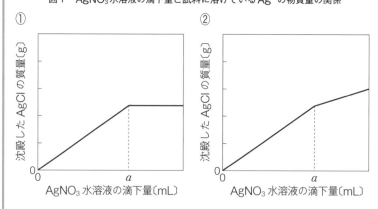

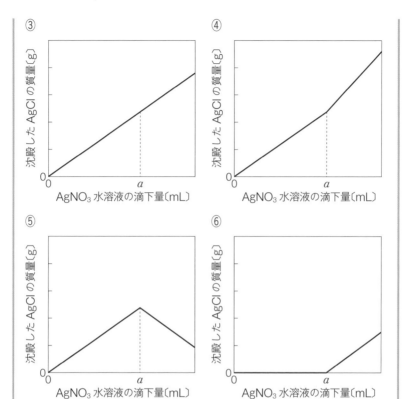

③ 沈殿した AgCl の質量〔g〕／ AgNO₃ 水溶液の滴下量〔mL〕

④ 沈殿した AgCl の質量〔g〕／ AgNO₃ 水溶液の滴下量〔mL〕

⑤ 沈殿した AgCl の質量〔g〕／ AgNO₃ 水溶液の滴下量〔mL〕

⑥ 沈殿した AgCl の質量〔g〕／ AgNO₃ 水溶液の滴下量〔mL〕

問3 次の問い（**a・b**）に答えよ。

a しょうゆ A に含まれる Cl^- のモル濃度は何 mol/L か。最も
適当な数値を，次の①～⑥のうちから一つ選べ。

① 0.0143   ② 0.0285   ③ 0.0570

④ 1.43   ⑤ 2.85   ⑥ 5.70

b 15 mL（大さじ一杯相当）のしょうゆ A に含まれる NaCl
の質量は何 g か。その数値を小数第1位まで次の形式で表す
とき，　1　と　2　に当てはまる数字を，後の①～⑩のう
ちから一つずつ選べ。同じものを繰り返し選んでもよい。た
だし，しょうゆ A に含まれるすべての Cl^- は NaCl から生じ

たものとし，NaClの式量を58.5とする。

NaClの質量 　[1] . [2] g

① 1　　② 2　　③ 3　　④ 4　　⑤ 5
⑥ 6　　⑦ 7　　⑧ 8　　⑨ 9　　⓪ 0

（2022年度共通テスト本試験・改）

　今回の問題も馴染みのない実験問題。まずは必要な情報を「**抜き出し**」て考察してみよう。

　まずは文献の記述から。

　　水溶液中の塩化物イオン Cl^- の濃度を求めるには，指示薬として少量のクロム酸カリウム K_2CrO_4 を加え，硝酸銀 $AgNO_3$ 水溶液を滴下する。水溶液中の Cl^- は，加えた銀イオン Ag^+ と反応し塩化銀 $AgCl$ の白色沈殿を生じる。<u>Ag^+ の物質量が Cl^- と過不足なく反応するのに必要な量を超えると，過剰な Ag^+ とクロム酸イオン CrO_4^{2-} が反応してクロム酸銀 Ag_2CrO_4 の暗赤色沈殿が生じる。</u>したがって，滴下した $AgNO_3$ 水溶液の量から，Cl^- の物質量を求めることができる。

　青色の下線部の情報から，水溶液中の Cl^- は次の式のように Ag^+ と反応し塩化銀 $AgCl$ として沈殿することが分かる。

$$Ag^+ \ + \ Cl^- \longrightarrow AgCl$$

　このとき，**Cl^- の物質量と反応する Ag^+ の物質量は等しい。**

　また，**赤色の下線部**の情報から，すべての Cl^- が沈殿すると，**Ag^+ と CrO_4^{2-} が結合し，クロム酸銀 Ag_2CrO_4 が沈殿するので，そこを終点とする**ことができることが読み取れるね。つまり，クロム酸イオン CrO_4^{2-} はこの滴定における指示薬の役割を担っているといえるね。

　次に実験操作を見てみよう。しょうゆ 5.00 mL に含まれる Cl^- を x〔mol〕として追跡してみよう。

操作I

しょうゆ5.00mL
（Cl⁻をx〔mol〕含む）

水

Cl⁻をx〔mol〕含む

250mL

操作II

250mL

一定量

＋水

50mL

しょうゆA，Bは，Cl⁻を$\dfrac{5.00}{250}x$〔mol〕含むよ。

しょうゆCは，Cl⁻を$\dfrac{10.00}{250}x$〔mol〕含みます！

操作III～V

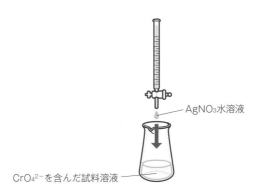

AgNO₃水溶液

CrO₄²⁻を含んだ試料溶液

しょうゆAでは，Ag^+を$0.0200 \times \dfrac{14.25}{1000}$ (mol)加えたよ。

しょうゆBでは，Ag^+を$0.0200 \times \dfrac{15.95}{1000}$ (mol)，

しょうゆCでは，Ag^+を$0.0200 \times \dfrac{13.70}{1000}$ (mol)加えたんですね。

では，以上の結果を考察して各しょうゆ中のCl^-の濃度を求めてみよう！　**Cl^-の物質量と反応するAg^+の物質量は等しい**ので，

・しょうゆA 5.00 mL中のCl^-の物質量をx_A molとすると，

$$\frac{5.00}{250}x_A = 0.0200 \times \frac{14.25}{1000} \quad \Leftrightarrow \quad x_A = \mathbf{0.01425\ mol}$$

よって，しょうゆA中のCl^-の濃度は

$$0.01425\ mol \div \frac{5.00}{1000}\ L = \mathbf{2.85\ mol/L} \quad となる。$$

・しょうゆB 5.00 mL中のCl^-の物質量をx_B molとすると，

$$\frac{5.00}{250}x_B = 0.0200 \times \frac{15.95}{1000} \quad \Leftrightarrow \quad x_B = \mathbf{0.01595\ mol}$$

よって，しょうゆB中のCl^-の濃度は

$$0.01595\ mol \div \frac{5.00}{1000}\ L = \mathbf{3.19\ mol/L} \quad となる。$$

・しょうゆC 5.00 mL中のCl^-の物質量をx_C molとすると，

$$\frac{10.00}{250}x_C = 0.0200 \times \frac{13.70}{1000} \quad \Leftrightarrow \quad x_C = \mathbf{6.85 \times 10^{-3}\ mol}$$

よって，しょうゆC中のCl^-の濃度は

$$6.85 \times 10^{-3}\ mol \div \frac{5.00}{1000}\ L = \mathbf{1.37\ mol/L} \quad となる。$$

問1

　選択肢を順に見てみよう。

① 正しい。

　p.305にあるようにメスフラスコは水でぬれたまま使用できる。

② 誤り。

　クロム酸銀Ag_2CrO_4をあらかじめ加えてしまうと終点が分からない。

③ 正しい。

　操作Vで加える必要があるAg^+の物質量が大きくなるので，正しい濃度よりも大きくなる。

④ 正しい。

　前述のとおり，Cl^-の濃度はしょうゆCは1.37 mol/L，Bは3.19 mol/Lなので，C中の濃度はB中の濃度の半分以下である。

⑤ 誤り。

　前述のとおりで，B中の濃度が最も大きい。

答え ②，⑤

問2

　ポイントは次の2つ。

ポイント1：Cl^-が溶液中に残っている間（滴下量≦a mL）は，**加えたAg^+はすべて$AgCl$として沈殿し，その物質量は増加していく**が，溶液中のAg^+の物質量は増加しない。

ポイント2：しかしながら，**それ以上にAg^+加えても（滴下量>a mL）溶液中にCl^-は存在しないので沈殿する$AgCl$は増加しない**。

以上より，①が正解となる。

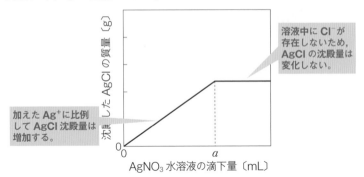

答え ①

問3

a 前述のとおり，2.85 mol/L である。

答え ⑤

b 1 mol の NaCl 中に 1 mol の Cl^- が含まれる。つまり，**Cl^- と NaCl の物質量は等しい**ので，

$$58.5 \text{ g/mol} \times 2.85 \times \frac{15}{1000} \text{ mol} = 2.50 \fallingdotseq 2.5 \text{ g}$$

答え ②，⑤

index

さくいん

化学用語

[著者]

岡島 卓也 Okajima Takuya

東京理科大学薬学部薬学科卒業。「化学が理解できるのは当たり前，受講生の思考習慣も変える授業を提供する」がモットー。
現在，河合塾，ベリタスアカデミー化学科講師として対面，映像授業にて高1・2クラスから高卒生上位クラスまで幅広く担当している。

きめる！共通テスト　化学基礎　改訂版

著　　　　者	岡島卓也
カバーデザイン	野条友史（buku）
カバーイラスト	ナミサトリ
本文デザイン	宮嶋章文
キャラクターイラスト	ハザマチヒロ
図 版 作 成	株式会社 ユニックス
写　　　　真	株式会社 アフロ
編 集 協 力	株式会社 オルタナプロ,
	株式会社 ダブルウイング,
	林千珠子
デ ー タ 作 成	株式会社 四国写研
印 刷 所	株式会社 リーブルテック

Gakken

BC

きめる! KIMERU SERIES

［別冊］

化学基礎 改訂版

Basic Chemistry

直前まで役立つ!

完全対策BOOK

この別冊は取り外せます。矢印の方向にゆっくり引っぱってください。→

知っておきたい共通テストの形式

◯ 試験概要

理科①について

物理基礎・化学基礎・生物基礎・地学基礎の**4科目から2科目を選択**し，1枚の解答用紙に解答します。解答用紙のそれぞれの解答科目欄に異なる科目を1科目ずつマークします。

> **例** 物理基礎と化学基礎を選択する場合

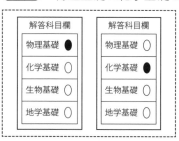 又は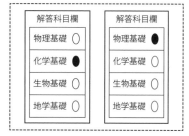

> **要check!** 解答用紙の解答科目欄に必ずマークする！

化学基礎について

化学基礎は大問2つで構成されています。

大問1…**単問が8〜10問**

前提となる結論・結果を利用して問題を解く。

与えられた条件や知識を前提として，それを利用して解く問題。

大問2…**会話や資料を読みとって答える複合問題**

提示された情報から未知の結論を導き出して問題を解く。

リード文に提示された情報から結論（一般論）を導くタイプ。

> **要check!** 大問1と大問2で異なる問題形式！

◯ 配点

理科①で100点満点
化学基礎で**50点満点**
大問1：**30点**
大問2：**20点**

> **要check！** 大問1の単問だけでも30点！
> ここを確実に落とさないようにしよう！

◯ 試験時間

2科目合わせて60分

それぞれ何分ずつ使うかは自由です。

> **要check！** それぞれの科目に何分ずつ使うか，戦略を立てよう！

> 共通テストは他にない形式で，科目も多いから大変
> だね。でも，化学基礎は本冊の内容をばっちり読み
> 込めば大丈夫だ！　気を付けてほしいのは，マーク
> ミスだ。これで失点するのはもったいないよ。理科
> ①ならではの時間配分も注意だね。テスト直前に一
> 度確認しておこう。次のページでは，共通テストの
> 化学基礎の問題における対策のポイントを紹介して
> いくよ！

対策の POINT
教科書の知識をベースにした幅広い問題が出題される。問題文から必要な情報を抜き出すこと。具体例をよく理解するべし。

共通テストでは，教科書の内容を超えるような，知識だけでは解けない問題も出題されるよ。情報を整理して考える力が試されているんだ。一見して見たことのない難しそうな問題でも，**問題文から必要な情報を抽出**すれば，それをヒントに必ず解ける問題になっているよ。

対策の POINT
高校の実験授業を想定した問題が出題される。回答に必要な数値を抜き出して立式。

実験を想定した問題も出題されるよ。詳細な長い手順を読むとすごく難しく感じるかもしれないけど，**よく読めば今までに学習してきた単純な設定になっている**ことも多い。学んできた公式や考え方に必要な数値を抜き出していけばなんてことないよ。ここでも**必要な情報の抽出**が大切だ！

対策の POINT
さまざまな情報を含む資料読解問題が出題される。まず設問文を読み，問われてる情報だけを抜き出す。

資料読解問題では，いろいろな情報を含む資料が提示されて，その情報をもとに解いていく必要があるよ。資料のすべての情報を読み解くのではなく，**設問で問われている情報だけを探して抜き出す**だけでいいんだ。これにも**情報の抽出**が重要なんだね。

SECTION 1 で 学 ぶ こ と

物質の構成粒子

**ここが
問われる
！** 水溶液は混合物！

　混合物は，1つの化学式で書けないもののこと。水溶液は**水と溶質の混合物**だが，通常は溶質の化学式で表すことになるよ。そのため，塩酸や希硫酸などは混合物に分類されるので注意しよう。また，たまに出てくる「**ナフサ**」は様々な炭化水素の**混合物**だ。

**ここが
問われる
！** 元素と単体の区別は差がつく！

　多くの受験生が苦手としている「**元素**」と「**単体**」の違い。多少の読解力が必要なテーマだが，ニュアンスの違いを押さえて確実に正答しよう。簡単に言うと，元素は成分や周期表上の記号のことで，単体は実際に存在する物質だよ。
　同じ元素からなる**同素体**も，代表的なものを覚えておこうね。

周期律はグラフ選択問題も頻出！

　イオン化エネルギーや価電子の数など，語句の意味はもちろんのこと，原子番号との関係を表す**グラフを選択する問題もよく出題**されるよ。

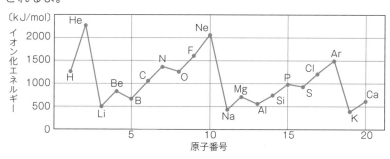

イオン化エネルギーの周期的変化

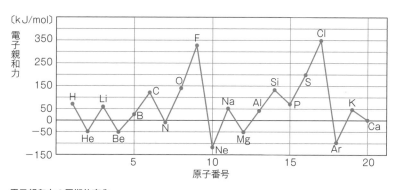

電子親和力の周期的変化

SECTION 1で学ぶ「物質の構成粒子」は共通テストではほとんどが知識を試す問題となっており，正答を出すことは難しくない！
しっかり押さえていこう。

SECTION2で学ぶこと

化学結合

ここが問われる！ 結晶の分類とその性質の違いは頻出！

　結晶は結びつきの違いにより，「**イオン結晶**」，「**金属結晶**」，「**分子結晶**」，「**共有結合の結晶**」に分類される。それぞれの結晶の性質の違いをしっかり押さえておこう！

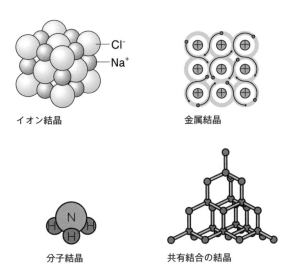

イオン結晶　　　　　　　　　　金属結晶

分子結晶　　　　　共有結合の結晶

ここが
問われる
！
分子の形と極性は頻出！

　分子は頻出問題のひとつだよ。最低限，下の２つは覚えておこう。

分子のつくられ方

　分子はおもに原子どうしが共有結合で結びついてつくられる。その際，分子によっては二重結合や三重結合を含むものもある。電子式・構造式とセットでしっかり整理して覚えよう！

名称と分子式	メタン CH_4	アンモニア NH_3	水 H_2O	窒素 N_2	二酸化炭素 CO_2
電子式	H :C: H の構造（H が上下左右）	H :N: H （H が上下）	H :O: H	:N⋮⋮N:	O ::C:: O
構造式	H−C−H（上下にも H）	H−N−H（下にも H）	H−O−H	N≡N	O=C=O

単結合は「−」で表す

三重結合は「≡」で表す

二重結合は「＝」で表す

分子の形と極性の有無

　極性の有無を**分子の形と電気陰性度の差**から判断できるようにしよう。綱引きのイメージでしっかり覚えよう。分子の形のみを問われることもあるよ。

$\delta +$　　　　　$\delta -$

電子が偏る

SECTION ２で学ぶ「化学結合」は共通テストでは基礎知識を試す問題がほとんどなので，確実かつ手短に解答できるようにしっかり習得したい。

SECTION3 で学ぶこと

物質量と化学反応式

ここが問われる！ 物質量の計算を自由自在にできるようになろう！

　共通テストでは物質量の計算は頻出。**化合物中に含まれる原子（またはイオン）の物質量の計算**は苦手な受験生が多く，差がつくテーマ。しっかり考え方を身につけよう！

ここが問われる！ 濃度計算を正確にできるようになろう！

　濃度計算は酸・塩基（SECTION 4）でも必要になるので，この単元でしっかり習得しよう！　質量%濃度からモル濃度への変換（またその逆）は頻出テーマではあるがコツをつかめば簡単だ。

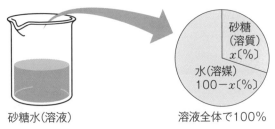

砂糖水(溶液)　　　　　　　　　　溶液全体で100%

ここが問われる！ 化学反応式と物質量関係をしっかり理解しよう！

　化学反応式を用いて，**反応量や生成量を正しく求めることができるように**なろう。共通テストではグラフを用いた問題も頻出である。解き方のコツをしっかり習得しよう！

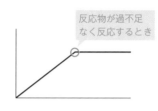

反応物が過不足なく反応するとき

> SECTION3で学ぶ「物質量と化学反応式」からの出題は毎年必ず見受けられる。化学計算のきほんのきが物質量計算。コツをつかめば難しくはないよ！

SECTION 4 で学ぶこと

酸・塩基

ここが問われる！　中和の量的関係の計算は頻出！

　酸と塩基が過不足なく反応する際の**量的関係を考える計算問題**は頻出！　価数に注意して正しく計算できるようになろう！　また，中和点の水溶液がいつも中性ではないことも非常に大事。

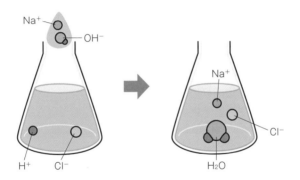

ここが問われる！　塩の分類とその液性の考え方は重要

　塩の分類とその水溶液の液性は全く別の考え方になる。しっかり区別してそれぞれを正確に答えられるようにしてほしい。

　正塩……酸のH，塩基のOHが残っていない塩。
　酸性塩……酸のHが残っている塩。
　塩基性塩……塩基のOHが残っている塩。

**中和滴定実験を応用した見慣れない
滴定実験が出題されることもある**

　馴染みのない**滴定実験**が出題されても，中和滴定実験を応用して考えれば解答の糸口は見えてくる。まずは器具の扱い方，終点の考え方など基本的な実験操作の進め方をインプットすることが大事だよ。

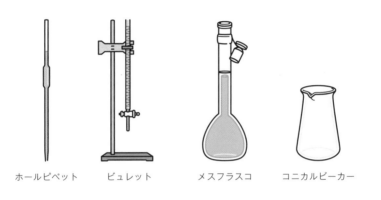

ホールピペット　　ビュレット　　　メスフラスコ　　コニカルビーカー

SECTION4で学ぶ「酸と塩基」は化学基礎ではかなり大きな範囲をもつ単元。知識問題から計算問題まで出題は多岐に渡るが，点数を左右する重要単元だ！

SECTION5で学ぶこと

酸化還元反応

ここが問われる！ 正しく酸化数を求められるようになろう！

酸化数の算出は酸化・還元の第1歩。ルールを覚えて正確に算出できるようになろう。

ルール1 単体中の原子の酸化数は「0」とする。

ルール2 単原子イオンの酸化数は，イオンの電荷と同じとする。

ルール3 化合物中のアルカリ金属の酸化数は「＋1」，2族元素は「＋2」，ハロゲンは「－1」とする。

ルール4 化合物中の水素原子の酸化数は「＋1」とする。

ルール5 化合物中の酸素原子の酸化数は「－2」とする。

ここが問われる！ 電子を含むイオン反応式を作れるようになろう！

酸化還元反応は電子のやり取り。酸化剤や還元剤の**反応前後の変化を表す式を電子を用いて作れるように**なろう。覚えることもあるがコツもある。また，酸化還元の量的関係に関する計算問題も頻出。しっかり習得してほしい。

イオン化傾向を用いた金属の反応を覚えよう!

イオン化傾向に関する問題は共通テストでは頻出。イオン化傾向と関連させて**金属の反応**をしっかり押さえよう。

イオン化傾向 大

イオン化傾向 小

Li リチ ウム	K カリ ウム	Ca カル シウム	Na ナト リウム	Mg マグネ シウム	Al アルミ ニウム	Zn 亜鉛	Fe 鉄	Ni ニッ ケル	Sn スズ	Pb 鉛	(H₂) 水素	Cu 銅	Hg 水銀	Ag 銀	Pt 白金	Au 金
リッチに	かりよう	か	な	ま	あ	あ	て	に	すん	な	ひ	ど	すぎる	借	金

 電池のしくみをダニエル電池を例に知ろう!

ダニエル電池は各電極の反応も含めて問われることになる。イオン化傾向と関連させて電子の流れをとらえよう!

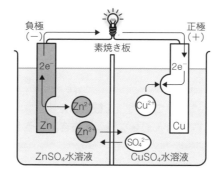

SECTION5で学ぶ「酸化還元反応」もSECTION 4の「酸・塩基」同様,範囲の大きな単元。毎年問われる超重要単元だよ。多少覚えることは多いけれど,ここで点数を取れると一気に飛躍できる!

SECTION別「分析」と「対策」

👍SECTION 6 で 学 ぶ こ と

身のまわりの化学

このSECTIONでは，金属からなる物質やイオンからなる物質など，これまで学習してきた物質の中で特に身近なものにクローズアップしているよ。

このセクションからの出題は身近に存在する物質の用途を問う設問が中心で，すごく軽い問題ばかり。本編を読んでもらえたら楽勝だよ。

👍SECTION 7 で 学 ぶ こ と

思考型問題の対策

このSECTIONでは，共通テストならではの思考型問題に慣れるために，過去問題や予想問題を解いていくよ。

差がつく7つの問題を厳選したよ。長い文章から必要な情報を抜き出そう！

きめる！

KIMERU SERIES

読むだけで点数アップ！

厳選！　重要事項集

物質の分類まとめ

物質の分類

物質
- 純物質……1つの化学式で書けるもの
  - 例）水H_2O，二酸化炭素CO_2，鉄Fe，アンモニアNH_3など
- 混合物……1つの化学式で書けないもの
  - 例）空気，水溶液，岩石など

純物質の分類

純物質
- 単体……1種類の元素のみからなるもの
  - 例）水素H_2，酸素O_2，鉄Fe，銀Ag，黒鉛Cなど
- 化合物……2種類以上の元素からなるもの
  - 例）水H_2O，二酸化炭素CO_2，アンモニアNH_3など

混合物の分離

ろ過

液体とそれに溶けない固体をろ紙を用いて分離する操作。

蒸留

溶液を加熱し，発生した蒸気を冷却して目的の液体を分離する操作。

昇華法

固体から直接気体になる状態変化を利用して，昇華性をもつ物質を分離する操作。

再結晶

温度による溶解度の違いを利用して，固体物質の不純物を除き，純粋な結晶を得る操作。

抽出

溶媒への溶解性の違いを利用して分離する操作。

クロマトグラフィー

ろ紙などへの吸着力の差を利用して分離する操作。

同素体

同じ元素からなる単体で，構成原子の配列や結合が異なるために性質が異なる物質を，互いに同素体という。

元素記号（元素名）	名　　称		
S（硫黄）	斜方硫黄	単斜硫黄	ゴム状硫黄
C（炭素）	黒鉛	ダイヤモンド	
	フラーレン	カーボンナノチューブ	
O（酸素）	酸素	オゾン	
P（リン）	黄リン	赤リン	

"スコップ"（SCOP）と覚えよう！

🏛 物質の三態と運動エネルギー

固体
構成粒子の運動エネルギーが小さく，規則正しく並んでいる状態。
「氷」は，固体の状態だよ。

液体
構成粒子の運動エネルギーが固体よりも大きく，互いの位置を入れ
換えたりできるようになった状態。「水」は，液体の状態だね。

気体
構成粒子の運動エネルギーが非常に大きく，自由に飛び回れるよう
になった状態。「水蒸気」は，気体の状態だ。

🏛 原子の構造

① **原子番号＝陽子の数＝電子の数**であり，**原子全体では電気的
に中性**となる。

② 同じ元素の原子であっても，**中性子の数は一定ではない**。

③ 陽子1個と中性子1個の質量は**ほぼ同じ**。しかし，電子1個
の質量は陽子1個や中性子1個の質量の約$\frac{1}{1840}$である。原子1
個の質量は**陽子の数＋中性子の数に比例**する。この数を原子の
質量数という。

🏛 周期表はゴロ合わせで覚えよう！

原子番号20（Ca）までの覚え方
水兵 リー ベ ぼく の ふ ね なあ に 間 が ある シップ す クラーク か
H He Li　Be B C N O F Ne Na　　Mg Al Si P S Cl Ar K Ca

アルカリ金属の覚え方（Hは入らないので注意！）

リッチ な かーちゃん ルビー せしめて フランス へ
Li　　Na　　K　　　Rb　　Cs　　　Fr

アルカリ土類金属の覚え方

ベリー マジ で キャ ッ スル ば ら
Be　 Mg　　 Ca　　　Sr Ba Ra

ハロゲンの覚え方

ふっ くら ブラ ウス 私 に あってる
F　 Cl　Br　　 I　　　 At

貴ガスの覚え方

へん ねー アル コール くさい ラドン
He Ne　Ar　Kr　 Xe　　Rn

貴ガスの電子配置

　原子は，最外殻電子の数が２（最外殻がK殻のとき）または８になると安定化する。貴ガスはこの電子配置をもっているため，安定している！

価電子とエネルギーはグラフとセットで！

価電子の数

　　貴ガスの価電子の数＝０個
　その他の原子の価電子の数＝最外殻電子数（１〜７個）

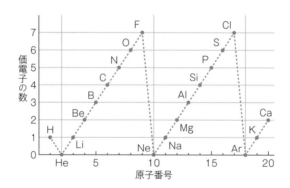

 貴ガスで0が特徴！

イオン化エネルギー

原子から電子を1個取り去って，1価の陽イオンにするために
必要なエネルギー。周期表上では，右上にいくほど大きくなる。

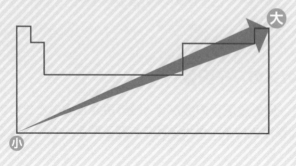

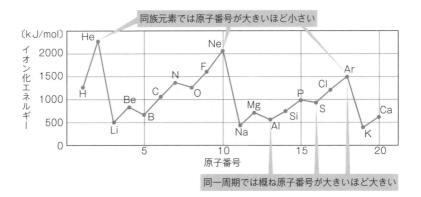

同族元素では原子番号が大きいほど小さい

同一周期では概ね原子番号が大きいほど大きい

電子親和力

原子が電子1個を獲得して，1価の陰イオンになるときに放出するエネルギー。陰イオンになりやすいハロゲンが大きいと覚えておけばよい。

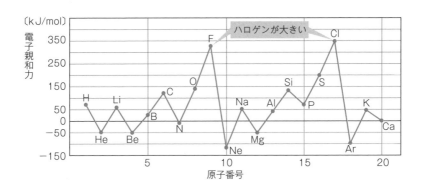

ハロゲンが大きい

イオンの化学式は価数の違いに注目！

	イオンの名称	イオンの化学式	
単原子イオン	水素イオン	H^+	
	ナトリウムイオン	Na^+	1価の陽イオン
	銀イオン	Ag^+	
	塩化物イオン	Cl^-	1価の陰イオン
多原子イオン	アンモニウムイオン	NH_4^+	1価の陽イオン
	硝酸イオン	NO_3^-	
	水酸化物イオン	OH^-	1価の陰イオン
	炭酸水素イオン	HCO_3^-	
	硫酸水素イオン	HSO_4^-	
	硫酸イオン	SO_4^{2-}	2価の陰イオン
	炭酸イオン	CO_3^{2-}	
	リン酸イオン	PO_4^{3-}	3価の陰イオン

📖 最低限覚えておきたい電子式と構造式

名称と分子式	メタン CH_4	アンモニア NH_3	水 H_2O	窒素 N_2	二酸化炭素 CO_2
電子式	H:C:H 上下にH	H:N:H 下にH	H:O:H	:N::N:	O::C::O
構造式	H-C-H 上下にH	H-N-H 下にH	H-O-H	N≡N	O=C=O

単結合は「－」で表す

三重結合は「≡」で表す

二重結合は「＝」で表す

📖 分子の立体構造と極性

分子の形	直線形	折れ線形	三角錐形	正四面体形
例	塩化水素 HCl※　　　二酸化炭素 CO_2	水 H_2O　　　硫化水素 H_2S	アンモニア NH_3	メタン CH_4　　　四塩化炭素 CCl_4（テトラクロロメタン）

二原子分子（H_2, O_2, N_2, Cl_2 など）はすべて直線形になるよ。

各結合・結晶の特徴は違いを理解！

イオン結合・イオン結晶のまとめ

① 金属元素の原子（陽イオンになる）と非金属元素の原子（陰イオンになる）がイオン結合し，集まった結晶。

② 硬いがもろい。

③ 固体は電気を通さないが，液体や水溶液は電気を通す。

④ イオン結晶のおもな例は，「塩化ナトリウム $NaCl$」，「ヨウ化カリウム KI」。

金属結合・金属結晶のまとめ

① 金属光沢をもつ。
⇒自由電子が光を反射させることによる。

② 電気伝導性（電気を伝える性質），熱伝導性（熱を伝える性質）が大きい。
⇒自由電子が電気や熱を伝えることによる。

③ 展性（薄く広がる性質），延性（細長く引き延ばすことができる性質）をもつ。

④ 金属結晶のおもな例は「銀 Ag」，「ナトリウム Na」，「鉄 Fe」。

分子間力・分子のまとめ

① 分子間力（ファンデルワールス力）により集まってできた結晶。

② 昇華性をもつものが多い。

③ 融点が低く，やわらかい。

④ 分子結晶のおもな例は，「ドライアイス CO_2」，「ヨウ素 I_2」，「ナフタレン」，「パラジクロロベンゼン」。

共有結合のまとめ

① 非金属元素の原子どうしが作る。

② 結びつきが強い化学結合である。

③ 各原子の不対電子がなくなるように，電子を共有して共有電子対を作る。

④ 1対の共有電子対を1本の価標で表したものを構造式という（単結合は−，二重結合は＝，三重結合は≡で表す）。

⑤ 一方の原子の非共有電子対を別の原子が共有してできる共有結合を配位結合という。

共有結合の結晶のまとめ

① 非金属元素が多数，共有結合することでできる。

② 融点が非常に高い。

③ 非常に硬い。

④ 黒鉛を除き，電気を通さない。

⑤ 共有結合の結晶のおもな例は，「ダイヤモンド」，「黒鉛」，「ケイ素Si」，「二酸化ケイ素SiO_2」。

結合の特徴から結晶の
性質を理解しよう！

超重要！　公式集

原子量の求め方

原子量＝（同位体の相対質量×その存在比）の和

モル公式

① 　物質量〔mol〕＝$\dfrac{\text{粒子の数}}{\text{アボガドロ定数〔/mol〕}}$

② 　物質量〔mol〕＝$\dfrac{\text{物質の質量〔g〕}}{\text{モル質量〔g/mol〕}}$

③ 　物質量〔mol〕＝$\dfrac{\text{標準状態での気体の体積〔L〕}}{22.4\text{〔L/mol〕}}$

質量パーセント濃度

質量パーセント濃度〔％〕＝$\dfrac{\text{溶質の質量〔g〕}}{\text{溶液の質量〔g〕}}$×100〔％〕

溶質の質量＋溶媒の質量

モル濃度

モル濃度〔mol/L〕＝$\dfrac{\text{溶質の物質量〔mol〕}}{\text{溶液の体積〔L〕}}$

 スラスラ出てくると時間短縮につながるよ！

🏛 化学反応式の作り方

ステップ ① 左辺に反応する物質（反応物），右辺に生成する物質（生成物）の化学式を書き，それぞれの化学式は＋で，両辺は ⟶ で結ぶ。

ステップ ② 左辺と右辺で，それぞれの原子の数が等しくなるように，化学式に係数をつける。

ステップ ③ 係数を最も簡単な整数比にして，係数が1のときは省略する。

🏛 化学反応式の量的関係

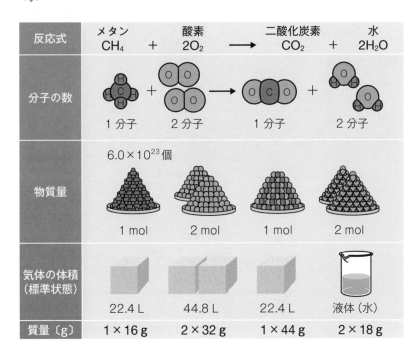

	メタン CH_4	＋	酸素 $2O_2$	⟶	二酸化炭素 CO_2	＋	水 $2H_2O$
反応式							
分子の数	1分子		2分子		1分子		2分子
物質量	$6.0×10^{23}$個 1 mol		2 mol		1 mol		2 mol
気体の体積 （標準状態）	22.4 L		44.8 L		22.4 L		液体（水）
質量〔g〕	1×16 g		2×32 g		1×44 g		2×18 g

酸と塩基の２つの定義とその違い

アレニウスの定義

酸　：水溶液中で水素イオンH^+を放出するもの。

塩基：水溶液中で水酸化物イオンOH^-を放出するもの。

ブレンステッド・ローリーの定義

酸　：H^+を与えるもの。

塩基：H^+を受け取るもの。

酸・塩基のまとめ

電離度

水溶液中に溶解した酸や塩基の物質量に対する，電離した酸や塩基の物質量の割合。

強酸・強塩基

電離度が１に近い酸や塩基。

弱酸・弱塩基

電離度が１よりかなり小さい酸や塩基。

		化学式	価数	強弱
酸	塩酸(塩化水素)	$\underline{H}Cl$	1価	強酸
	硝酸	$\underline{H}NO_3$	1価	強酸
	硫酸	$\underline{H}_2SO_4$	2価	強酸
	酢酸	$CH_3COO\underline{H}$	1価	弱酸
	炭酸	$\underline{H}_2CO_3$	2価	弱酸
	シュウ酸	$(COO\underline{H})_2 \binom{H_2C_2O_4}{とも書く}$	2価	弱酸
	リン酸	$\underline{H}_3PO_4$	3価	弱酸
塩基	水酸化ナトリウム	$Na\underline{OH}$	1価	強塩基
	水酸化カリウム	$K\underline{OH}$	1価	強塩基
	水酸化カルシウム	$Ca(\underline{OH})_2$	2価	強塩基
	水酸化バリウム	$Ba(\underline{OH})_2$	2価	強塩基
	アンモニア	$N\underline{H}_3$	1価	弱塩基

アンモニアは$NH_3 + H_2O \rightleftarrows NH_4^+ + \underline{OH}^-$
と電離するので，価数が「1」の弱塩基だよ！

🔑 pHの求め方

$[H^+] = 1.0 \times 10^{-x}$ mol/Lのとき pH $= x$

$[H^+]$〔mol/L〕＝価数×酸のモル濃度〔mol/L〕×電離度 α

🔑 中和反応の量的関係

酸が放出するH^+の物質量〔mol〕

　　　　　　　　＝塩基が放出するOH^-の物質量〔mol〕

⇕

酸の価数×酸の物質量〔mol〕

　　　　　　　　＝塩基の価数×塩基の物質量〔mol〕

🧪 中和滴定で用いる実験器具

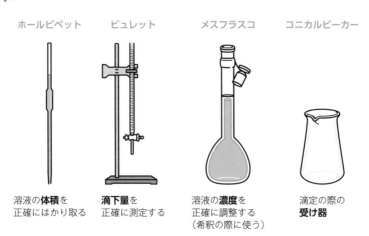

ホールピペット	ビュレット	メスフラスコ	コニカルビーカー
溶液の**体積**を 正確にはかり取る	**滴下量**を 正確に測定する	溶液の**濃度**を 正確に調整する （希釈の際に使う）	滴定の際の **受け器**

🧪 中和滴定に用いる指示薬

指示薬
中和点を確認するための薬品。
液体の色調の変化で中和点を確認する。

フェノールフタレイン（PP）
変色域はpH＝8.0〜9.8。

メチルオレンジ（MO）
変色域はpH＝3.1〜4.4。

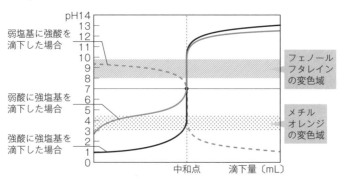

塩の分類

正塩
酸のH，塩基のOHが残っていない塩。
酸性塩
酸のHが残っている塩。
塩基性塩
塩基のOHが残っている塩。

正塩の水溶液の液性

・強酸と強塩基からなる正塩の水溶液は**中性**

・強酸と弱塩基からなる正塩の水溶液は**酸性**

・弱酸と強塩基からなる正塩の水溶液は**塩基性**

 塩の分類とその水溶液
の液性は無関係！

酸化還元反応の３つの定義

	酸素の授受	水素の授受	電子(e^-)の授受
		酸素の逆	酸素の逆
酸化される	酸素と結合	水素を失う	電子を失う
還元される	酸素を失う	水素と結合	電子を受け取る

酸化数のまとめ

酸化数は0以外の場合，「＋」や「－」の符号をつけて，原子1個あたりで求める。

化合物を構成する原子の酸化数の総和は0になる。

多原子イオンを構成する原子の酸化数の総和は，イオンの電荷と同じになる。

> ### 酸化数の求め方のルール
> **ルール❶** 単体中の原子の酸化数は「0」とする。
> **ルール❷** 単原子イオンの酸化数は，イオンの電荷と同じとする。
> **ルール❸** 化合物中のアルカリ金属の酸化数は「＋1」，2族元素は「＋2」，ハロゲンは「－1」とする。
> **ルール❹** 化合物中の水素原子の酸化数は「＋1」とする。
> **ルール❺** 化合物中の酸素原子の酸化数は「－2」とする。
> ※優先順位は，❸＞❹＞❺

酸化剤・還元剤の反応前後

酸化剤	変化前 (反応前)	変化後 (反応後)
オゾン O_3	O_3 $\longrightarrow$	O_2
過酸化水素 H_2O_2 (酸性条件下)	H_2O_2 $\longrightarrow$	$2H_2O$
希硝酸 HNO_3 [注1]	HNO_3 $\longrightarrow$	NO
濃硝酸 HNO_3 [注1]	HNO_3 $\longrightarrow$	NO_2
過マンガン酸イオン MnO_4^- $\left(\begin{array}{c}\text{過マンガン酸カリウム}\\ KMnO_4\end{array}\right)$ [注2] (酸性条件下)	MnO_4^-(赤紫色) $\longrightarrow$	Mn^{2+}(淡桃色)
二クロム酸イオン $Cr_2O_7^{2-}$ $\left(\begin{array}{c}\text{二クロム酸カリウム}\\ K_2Cr_2O_7\end{array}\right)$ [注2]	$Cr_2O_7^{2-}$ $\longrightarrow$	$2Cr^{3+}$
二酸化硫黄 SO_2 (相手がH_2Sのとき)	SO_2 $\longrightarrow$	S
熱濃硫酸 H_2SO_4 [注3]	H_2SO_4 $\longrightarrow$	SO_2

注1) 硝酸は濃度によって,反応後に生じる物質が異なる。

注2) カリウムイオンK^+は酸化剤としての反応に全く関与しない
ので,半反応式では省略する。

注3) 特に,e^-を奪い取る酸(濃硝酸,希硝酸,熱濃硫酸)を**酸化
力のある酸**という。その他の酸(塩酸や希硫酸など)は**酸化力
のない酸**という。

還元剤	変化前 （反応前）	変化後 （反応後）
鉄（Ⅱ）イオン Fe^{2+}	Fe^{2+} $\longrightarrow$	Fe^{3+}
過酸化水素 H_2O_2 [注1]	H_2O_2 $\longrightarrow$	O_2
シュウ酸 $(COOH)_2$ （$H_2C_2O_4$とも書く）	$(COOH)_2$ $\longrightarrow$	$2CO_2$
硫化水素 H_2S	H_2S $\longrightarrow$	S
二酸化硫黄 SO_2 [注1]	SO_2 $\longrightarrow$	SO_4^{2-}
スズ（Ⅱ）イオン Sn^{2+}	Sn^{2+} $\longrightarrow$	Sn^{4+}
ヨウ化物イオン I^- （ヨウ化カリウム KI）[注2]	$2I^-$ $\longrightarrow$	I_2
陽イオン化しやすい 金属単体 （Na、Ca、Znなど）	Na $\longrightarrow$ Zn $\longrightarrow$	Na^+ Zn^{2+}

注1） 過酸化水素 H_2O_2 と二酸化硫黄 SO_2 は，反応相手によって
　　　酸化剤にも還元剤にもなる。相手よりも電子を奪うはたらき
　　　が強ければ酸化剤になるし，弱ければ還元剤になる。

注2） ヨウ化カリウムの K^+ は還元剤としてのはたらきに全く関与
　　　しないので，半反応式では省略する。

反応前後は必ず覚えよう！

酸化還元反応の量的関係

酸化剤の価数×酸化剤の物質量〔mol〕
　　　酸化剤が奪い取るe⁻の物質量〔mol〕

＝還元剤の価数×還元剤の物質量〔mol〕
　　　還元剤が奪われるe⁻の物質量〔mol〕

金属の酸化還元反応のまとめ

金属単体	Li	K	Ca	Na	Mg	Al	Zn	Fe	Ni	Sn	Pb	(H₂)	Cu	Hg	Ag	Pt	Au
イオン化傾向	大 ←――――――――――――――――――――――――――――――→ 小																
反応性	大（酸化されやすい）←――――――――――→ 小																
酸との反応	H₂を発生 例外：PbはHClやH₂SO₄とは反応しにくい 例外：Al, Fe, Niは濃硝酸とは不動態を形成し，溶けない。												酸化力の強い酸と反応			王水と反応	
水との反応	冷水と反応 熱水と反応 高温の水蒸気と反応						反応しない										
空気との反応	乾燥した空気中で速やかに酸化される 加熱により酸化される						強熱（高温で加熱）すると酸化される								酸化されない		

 イオン化傾向は語呂合わせで覚えよう！

Li	K	Ca	Na	Mg	Al	Zn	Fe	Ni	Sn	Pb	(H₂)	Cu	Hg	Ag	Pt	Au
リチウム	カリウム	カルシウム	ナトリウム	マグネシウム	アルミニウム	亜鉛	鉄	ニッケル	スズ	鉛	水素	銅	水銀	銀	白金	金

リッチにかりる　か　な　ま　あ　あ　て　に　すん　な　ひ　ど　すぎる　借　金

金属の利用

アルミニウム Al
① 軽い金属で，1円玉や缶ジュースの容器などに利用されている。
② 合金のジュラルミンは，航空機や新幹線の機体に利用されている。

鉄 Fe
① かたくて丈夫な金属で，建築物の鉄骨や自動車の車体として利用されている。
鉄粉は，空気中で酸化される際に発熱する。これを利用して使い捨てカイロに使われている。
② 鉄を含む合金であるステンレス鋼（こう）は，さびにくく，台所のシンクなどに利用されている。

銅 Cu
① 電気伝導性・熱伝導性が大きく，電気器具の配線や調理器具に用いられる。
② 銅と亜鉛の合金である黄銅（真ちゅう）は，仏具や管楽器に使われる。
銅とスズの合金である青銅（ブロンズ）は，彫像などに使われる。

水銀 Hg

① 常温・常圧で唯一液体の金属。温度計(体温計)や蛍光灯に使われる。
② 様々な金属と，アマルガムと呼ばれる合金を作る。

イオンからなる物質

塩化カルシウム $CaCl_2$

① 融雪剤や凍結防止剤として利用される。
② 潮解性があり，乾燥剤(除湿剤)としても用いられる。

炭酸水素ナトリウム $NaHCO_3$

① 別名は重曹。胃薬やベーキングパウダーとして利用される。
② 水を使わない消火剤としても用いられる。

硫酸バリウム $BaSO_4$

① 水や酸に溶けにくい。
② Ｘ線を吸収するため，Ｘ線造影剤として用いられる。

炭酸カルシウム $CaCO_3$

① 水に溶けにくい。
② セメントやチョークの原料として用いられる。

分子からなる物質

メタン CH_4

無色・無臭で水に溶けにくい気体。天然ガスの主成分で，都市ガス（主成分）に使われる。

ヘキサン C_6H_{14}

無色・特異臭の液体。水に溶けにくく，無極性物質（油性物質）を溶かす溶剤（有機溶媒（ベンジン等））として，用いられる。

エタノール C_2H_5OH

水に溶けやすい，無色の液体。お酒に含まれる。消毒薬としても利用されている。

酢酸 CH_3COOH

水に溶けやすい，無色・刺激臭の液体。食酢に含まれる。合成繊維や医薬品の原料としても利用されている。

塩酸 HCl

塩化水素の水溶液。強酸性で，トイレ用洗浄剤等に使用される。

高分子化合物

ポリエチレン（PE）

エチレンの付加重合で作られる。ゴミ袋やプラスチック製品などに幅広く用いられている。

この部分の結合が開いて
分子どうしが連結

ポリエチレンテレフタラート(PET)

エチレングリコールとテレフタル酸の縮合重合で作られる。ペットボトルや合成繊維の原料などに用いられる。

酸化還元反応の応用

次亜塩素酸ナトリウム NaClO

強い酸化力があり，食品や医療器具などの殺菌・消毒に利用される。また，色素を分解するはたらきもあるので，漂白剤にも利用される。

アスコルビン酸（ビタミンC）

強い還元力があり，食品の酸化防止剤として利用される。

 用途はしっかり覚えよう！

②